U0032222

果醬普拉斯

純天然 / 無添加美味 100%

手作果醬 40 道 plus 食譜 8 道

Jam plus

張曉東 __ 著

電子秤
幫助正確計算水果
及糖的分量。

削刀
柑橘類的水果需要削
成細末時，它是你的
絕佳幫手。

長柄湯匙
裝果醬時的好幫手，選
擇尖嘴勺面，讓你裝瓶
時更有效率。

調理機
調理機可以將水果
略打或打至極細緻，
讓你快速省時，做
出更為細膩的果醬。

耐熱橡膠刮刀
在水果醃漬及攪拌砂
糖時，都是熬煮果醬
的好幫手。

刮泥板
許多水果需要變換口
感時，它可以磨成絲
或泥，快速達成你要
的效果。

除浮沫濾網
濾除熬煮果醬時產生
的浮沫，選擇細小網
孔，它能讓你煮出的
果醬乾淨清透。

工具篇
煮出天然美味的好果醬
所要準備的基本器材

不鏽鋼寬口漏斗

幫助果醬裝瓶，不會堵塞瓶口及弄髒瓶身，有果肉的果醬也能順利裝至瓶中。

鋼盆或玻璃盆

法式水果醃漬水果時使用，玻璃製的材質也可以，千萬不要用不耐酸的容器。

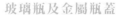

玻璃瓶及金屬瓶蓋

選擇耐高溫材質及附有螺旋蓋及蓋內有一層膠可以阻隔空氣，玻璃瓶需事先消毒晾乾，這樣才能有效保存果醬。

溫度計

溫度控制是製作果醬的關鍵，幫助你判斷果醬是否達到終點溫度 103 度。

耐熱手套

裝瓶時果醬呈高溫狀態，要有一雙耐熱的手套是必須的。

量匙

各種規格的量匙，幫助你掌握正確用量。

銅鍋

銅鍋是煮果醬最完美的夢幻鍋具，導熱平均不易使果醬燒焦，保色性強讓果醬維持美麗色澤。

a one　那海那山那果醬

A two　果醬與食物之舞

序_果醬山水

2011 年，我無心插柳走進了果醬的世界；2012 年的九月，我出版了一本以雙色果醬為主題的手工果醬工具書。三個月後，便搬到了台灣島的最南端，在那裡開了果醬工作室與餐廳，繼續我的果醬創作。

很多人問我，為什麼搬到那麼遠的地方？
在還沒搬到恆春前，我離開了職場，為了找尋自己喜歡並可以做一輩子的工作與生活，毅然離開工作了幾十年的職場生涯，專心投入料理創作及果醬職人的世界，試圖找回曾經在廚房裡、那個簡單又快樂的自己，並成立了 Black Rabbit 這個果醬品牌。

初到恆春時，在人生地不熟的條件下，開始了四年多的創業冒險，專心在這個山海遼闊的自然環境下，研發出近兩百種的果醬口味。好山好水的景致，讓我在四年中創意滿滿，將眼裡所看、心所感受的一切，全部熬入果醬的創作裡。一年 365 天有超過 300 天的日子裡，都是在煮果醬的時光中度過。
邊熬煮果醬，邊磨出了耐性，磨出了對人生的體悟：人一生中，只要能將一件事做到最好，就是功德圓滿，已是件不容易的事。一輩子追求一件最熱愛的事，那份難能可貴的執著，有時也被自己的鬥志給折服了。

在南國四季如春的美景裡創作，有最渾然天成的助力。常常在海邊一坐就是幾小時，看著天空雲彩的變化，海面浪濤的起伏瞬變，也讓自己在這段歲月裡，向大自然學習看待自己的渺小，並向海洋學習謙卑。
四年多來，人生價值觀及對生命的態度都有了改變，這是當初決定出發時，始料未及的。我不再是那個在職場裡追隨數字瞎忙的上班族，不再是無意識與時間賽跑的鬥爭者，這些改變都讓我成就更好的自己，更適合未來的自己。

網路上常有人問我：什麼才是最好吃的果醬？

我想「純天然」、「無添加」是最基本的條件。在我的果醬世界裡，果醬是千變萬化的。從一個最根本的基礎點上去發想變化，是果醬這個領域最好玩又極具挑戰的創意樂園。它絕不是單一、死板的熬煮，而是每一次挑動味蕾層次的驚豔提案，以簡單純粹的心，在每一次的熬煮過程中，專心一意、傾注心力將不同果醬的可能性，宛如魔術戲法般呈現出來。

我將這一切當作是藝術及文學創作看待，因此它從不顯得單調乏味，而是每一種配方，都有著不同顏色與味道，及文字所賦與的新生靈魂，讓果醬不再只是一瓶果醬，也可能是我們生活中，不經意觸發的一絲甜蜜感動。

也常有人問我：果醬除了塗麵包外，還有那些吃法？

這本書除了從二百多種果醬中，精選出四十種口味，將配方及作法公開呈現外，也有果醬如何融入料理的示範，以及幾種較不會在果醬配方中見到的特殊食材。另外，書中也介紹了每一瓶果醬創作背後的啟發與故事，果醬的名字如何發想而來，以及每種口味的發想文案企畫，都在這本書中完整呈現出來，讓精選出的四十種果醬，有了最完美的名分歸屬。

感謝這四年多，在南國每位朋友的照顧，讓我的果醬創作旅程如此豐富精采，在每一次挫折過後，用愛與溫暖幫助我繼續走下去的你們。這本書記錄了那些美好時光與動人回憶，也真實呈現出那幾年夠值得了的人生經歷，它深遠的影響了我，也希望能有那麼一點點感動你們的力量。

最後，謝謝 D 一直在這條驚奇無限的路上，與我並肩作戰，我最酸甜與共的夥伴。

a one

海
那

山
那

醬果那

誓言

平溪線的菁桐，情人橋上掛滿著竹筒，竹筒上寫著各
式各樣的願望與不同的誓言。

許願筒的由來與一個發生在 1960 年代的愛情故事有
關。一位鐵道員和一個冰果室小姐，兩人隔著鐵道圍
籬兩旁，發生了一段感人的愛情故事。很久很久以後，
他們的故事還在菁桐老街上流傳著，也成為了每年情
人節活動的浪漫典故。

有時候來平溪，因為天氣的緣故不見得適合放天燈，
就可以買個許願竹筒，寫上心中的願望，掛在鐵道圍
籬上。每年菁桐人都會選定一個良辰吉日，將許願筒
集中一起焚燒，用燒起的火點燃天燈，也就等同是把
許願筒上的每一個心願都送上天際，促使祈望達成。

誓言

清風徐來，久別重逢，誓言未訴，
人面桃花，因為愛情。

果醬內容物：

西洋梨	600g
紅酒	250ml
天然蘋果膠一大匙	
八角	2 粒
丁香	3g
肉桂	20g
薑汁	一茶匙
檸檬	一顆
砂糖	300g

01 將西洋梨洗淨除去外皮去核後,將果肉切小丁備用。

02 檸檬洗淨壓汁備用。

03 處理好的西洋梨放入盆中,先加入檸檬汁攪拌,再加入糖拌勻。可取部分西洋梨果肉放入調理機打勻後再加入盆中,蓋上保鮮膜醃漬約一小時,過程中要偶爾打開輕輕攪拌。

04 將醃漬好的西洋梨倒入銅鍋中,置於爐上以中大火加熱煮至沸騰,並要不停輕輕攪拌。

05 沸騰後轉中小火,加入紅酒及所有香料,並將鍋中浮沫撈除後,加入蘋果膠及薑汁繼續攪拌熬煮。

06 煮到鍋中果醬成濃稠狀,攪拌時有滯重的阻礙感,此時就可以準備關火。

07 在果醬溫度降到 85℃ 前,盡快裝至玻璃瓶中。

08 裝好的果醬蓋上蓋子,立即倒放降溫靜置待涼即完成。

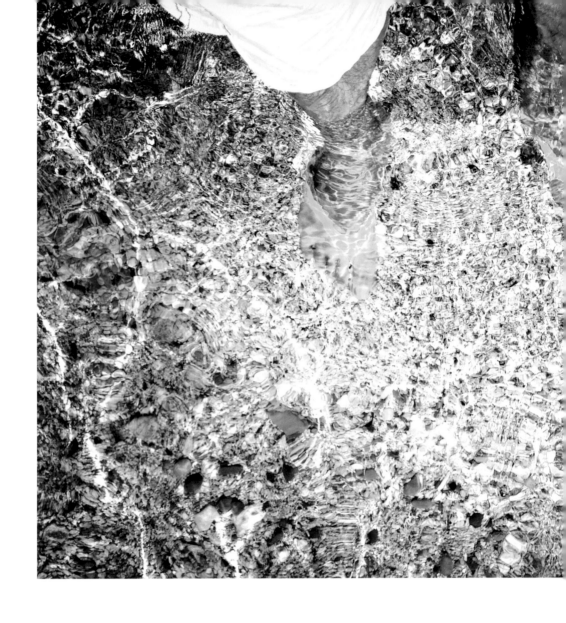

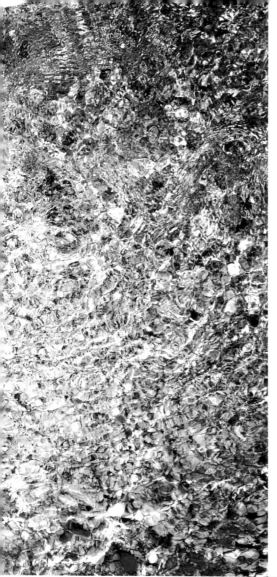

念

那天日落，帶著果醬去白砂拍照，沙灘被陽光染成金黃色，如同往日般，遊客的剪影映入眼簾，將果醬放在一處沙灘上，旁邊有幾塊礁石，海浪一波波打來，帶果醬來拍這張圖時，腦海裡其實已經有了構圖，任憑浪潮不停湧來，還是順利拍下了這張照片。

拍完照坐在沙灘上靜靜看著日落，想起有些關係如同人跟食物般，拍照前幾日，一個女人告訴我，吃東西是很靠緣分的，我想，人的關係也是一樣，有些人想念不一定見的到，有些人想念卻不想見，有些關係走到最後，見了不如不見。

念　　有些味道，嘗過了　無緣再食
　　　有些人，想念　卻不想見

果醬內容物：

愛文芒果	300g
天然蘋果膠	一大匙
檸檬半顆砂糖	180g

01 將芒果洗淨除去外皮並將果肉切小丁狀，除去的外皮有些許果肉，不要浪費，也可輕輕用湯匙刮除後與果肉一起醃漬。

02 將檸檬洗淨後壓汁備用。

03 處理好的芒果放入盆中，先加入檸檬汁拌勻再加入糖拌勻，芒果果肉可舀出少許放入調理機打勻後一起加入盆中，包上保鮮膜醃漬約兩小時，當中記得要不時地打開輕輕攪拌。

04 將醃漬好的芒果倒入銅鍋中，置於爐上以中大火加熱煮至沸騰，當中要不停輕輕攪拌，因為芒果是一不小心就很容易燒焦的水果。

05 沸騰後轉中小火續煮，並將鍋中的浮沫撈除乾淨 。

06 煮到鍋中果醬開始濃稠，攪拌時有滯重的阻礙感就可以準備關火。

07 在果醬溫度降到 85℃ 前，盡快裝至玻璃瓶瓶中。

08 裝好的果醬蓋上蓋子，立即倒放降溫靜置待涼即完成。

以愛之名

在南漂的四年中，好多次都以信仰度過難關。人的能力有限，當面對挫折及無能為力時，只有靠神的力量扶持，才能讓自己有勇氣繼續下去。那年的一場颱風，整夜的大雨，讓恆春的工作室及餐廳遭受強大考驗。一整夜在風雨中，掃著不斷湧入的積水，除了無力的面對，剩下的只有在心裡與神默默對話，期盼能讓災害降至最低。

愛有很多種形式，但在神的眼裡，你我都一視同仁。甚而讓我們對事物的努力，也都給予祝福；平安之外，也有一分安定力量的感應，和無法言喻的堅定信念。於是，有了「以愛之名」這個構想，感謝神在一路上的引領，讓我知道，我要一直做這件事，一件祂早屬意我做，而我也開心去做的事！

以愛之名

你愛的任何事物，都會感應到，並回過頭來愛你。
——蘇菲亞・布朗《關於靈魂的 21 個祕密》

果醬內容物：

芒果	300g
蘋果	100g
紅醋栗	50g
檸檬	1 顆
糖	180g

01 將芒果洗淨去皮並切成小丁，加入檸檬汁與糖一起醃漬。

02 蘋果洗淨後去皮，可用刨絲方式製作，也可以切片或小丁，不用拘泥何種形式表現，差異只會在熬煮的時間上呈現出不同口感。

03 將處理好的芒果與蘋果放入盆中，舀出少許蘋果放入調理機打成果汁狀加入盆中，先加入檸檬汁拌勻後再加糖拌勻，包上保鮮膜，放入冰箱冷藏一夜，並要不定時拿出來攪拌。

04 隔天從冰箱拿出後，先在室溫下退冰回溫後倒入銅鍋，然後置於爐上，以中大火加熱煮至沸騰，過程中要不停攪拌，因為芒果是很容易一不小心就燒焦的水果。

05 沸騰後即可轉中小火續煮，並加入紅醋栗在鍋中平均拌勻，之後將鍋中的浮沫撈除乾淨。

06 煮到鍋中的果醬開始呈濃稠狀，攪拌時有滯重感就可以準備關火。

07 在果醬溫度降到 85℃前，盡快裝至玻璃瓶中。

08 裝好的果醬蓋上蓋子後，立即倒放降溫靜置待涼即可完成。

那海那山那果醬

迷境

黃昏時分的社頂公園瀰漫著一股清新的靈氣，那是我與Ｄ頭一次走進這座南方的熱帶森林裡。當我們才剛走進一處小徑時，就遇見兩隻比我們身型還要龐大的梅花鹿，以迅雷不及掩耳的速度，從我們眼前奔跳遁走，一剎那便不見身影。在當時，要想在這裡遇到野生的梅花鹿，還真不是件容易的事。

再往森林裡更深入走進，遠處的海洋閃耀著極具個性的藍，站在高臺上，遠遠看去像似一塊搖搖抖動著的深藍色布丁。灑在草原上的陽光，讓綠草地像是塗上了螢光劑似的發亮著，空氣中頓時也好像都說好了不准出聲般的靜止著，此時如果有樹葉被風吹落，便可讓人清楚聽見碰觸到草叢的磨擦聲響，林子裡彷彿充滿了無限生氣。

傍晚回程路上，月亮緩緩從海平面向上浮昇。心中宛如仍看見幾隻透明而跳動的梅花鹿，在薄霧流動的樹林間奔跑著。樹影搖曳，心裡的直覺告訴我們，這就是飄流的心靈在迷境中不停找尋、渴望的棲息之地。

迷境

在這裡，草是螢光色，海是一塊軟綿綿的布丁，
天空是金色的；
鹿是透明的，鳥是七彩的；樹浮在半空中，
果子隨意念而生。沒有黑夜，沒有時間。
這裡就是永恆。

果醬內容物：

黃檸檬	2 顆
蘋果	1 顆
奇異果	1 顆
綠檸檬	1 顆
砂糖	180g

① 將黃檸檬以小刷子輕輕刷洗後，切成四等分去皮取出果肉放入盆中備用。

② 將黃檸檬的皮放入沸水中約煮十分鐘，待水再次沸騰後，用濾勺將皮撈出，換水再次煮沸後，再讓果皮煮十分鐘，這樣的動作重複四次後，將黃檸檬皮用濾勺取出瀝乾待涼。

③ 放涼後的黃檸檬果皮去掉白膜後，放入調理機中與黃檸檬果肉一起打成泥狀。

④ 將調理機中的黃檸檬泥倒入盆中，加入綠檸檬汁及糖拌勻備用。

⑤ 奇異果洗淨去皮後切小丁狀，先加檸檬汁拌勻後，再加入糖拌勻，醃漬時間約一小時，當中還是要不時用湯匙攪拌均勻。

⑥ 將醃漬好的奇異果倒入銅鍋中，置於爐上以中大火加熱煮至沸騰，當中要不停輕輕攪拌，沸騰後轉中小火繼續熬煮，並將鍋中的浮沫撈除乾淨。

⑦ 用漏勺將煮好的奇異果裝入玻璃瓶中約三分之一的量後，先放置一旁備用。

⑧ 將黃檸檬泥倒入銅鍋中，置於爐上以中大火加熱煮至沸騰，當中要不停輕輕攪拌，沸騰後轉中小火續煮，並將鍋中的浮沫撈除乾淨。

⑨ 煮到鍋中黃檸檬果醬開始濃稠，攪拌時有滯重感就可以準備關火。

⑩ 在果醬溫度降到 85℃ 前，盡快裝至先前已倒入奇異果果醬的玻璃瓶中。

⑪ 裝好的果醬蓋上蓋子，立即倒放降溫靜置待涼即完成。

那海那山那果醬

春光

台東有個龍田村。第一次來到這裡,是一個天空有著和煦陽光又不會太炎熱的優閒午后。走進村落,立即被這個充滿靈氣的地方深深吸引著,茶園中的桐花步道,飄落了滿地的桐花,將道路變成了一片春意盎然的溫柔雪白。

這裡曾是卑南族人的狩獵場,那時有著成群奔跑嬉戲的野生梅花鹿,還有漫天飛舞的美麗蝴蝶,人們稱它為「鹿寮」;日據時代,還被日本人選定為移民村,留下了不同文化的歷史建設。

行經龍田國小,一棵百年的荔枝樹和一棟日式老宿舍,在時光的流逝中閃爍著亙古悠然的人文底蘊,拿起相機便欲罷不能的拍了起來。村裡頭有家風格獨具、饒富魅力的阿榮柑仔店,它是附近小農的交易平台,更是村民最愛的7-11,裡頭販售不靠包裝,只憑天然美味的有機柴燒鳳梨乾及蜜香紅茶,讓我們幾個愛吃鬼,立刻饞了起來。店裡擺設簡樸自然,絲毫沒有任何矯揉做作的刻意安排,一旁還有手沖咖啡的原木吧檯,老闆娘幫我們現煮鳳梨水果茶,也和我們分享住在這兒的人生風景。慢活,在這裡人們很平實、簡單的體驗實踐著;時間,彷彿靜止了。

傍晚時分,我們離開了這個遺世獨立的好地方,但心裡卻還留戀著這家很有味道的迷人小店,以及那令人絕妙回甘的蜜香紅茶。好久不見,阿榮哥、阿榮嫂及九叔公,你們好嗎?

春光 |

春光　晃晃盪盪

慢慢在心頭燙

雲朵 在天空翱翔

飛著等春光

果醬內容物：

上層：

草莓	300
檸檬	半顆
威士忌	100 c.c.
砂糖	150g

下層：

藍莓	200g
檸檬	半顆
砂糖	100g

① 將藍莓洗淨瀝乾，取少許藍莓加入調理機，打成泥狀倒入盆中，加入檸檬汁及糖拌勻，醃漬時間約一小時，並不時均勻攪拌。

② 用流動的水洗淨草莓並去除蒂頭，動作盡量輕柔，避免讓草莓壓傷、發酵。

③ 將瀝乾的草莓倒入盆中，加入檸檬汁及糖拌勻，醃漬時間約一小時，並不時用湯匙攪拌均勻備用。

④ 將醃漬好的藍莓倒入銅鍋中，置於爐上以中火加熱煮至沸騰，並不時輕輕攪拌，沸騰後轉中小火繼續熬煮，並將鍋中浮沫撈除乾淨，待熬煮至膠狀即可準備裝瓶。

⑤ 煮好的藍莓果醬以漏勺裝入玻璃瓶中約三分之一，放置一旁備用。

⑥ 將草莓倒入銅鍋中，置於爐上以中大火加熱煮至沸騰，並要不停輕輕攪拌並撈除浮沫，讓果醬盡量呈現乾淨無雜質的狀態，沸騰後轉小火繼續熬煮。

⑦ 煮到鍋中果醬開始呈濃稠狀，攪拌時有滯重感時加入威士忌拌勻即可關火。

⑧ 在果醬溫度降至 85℃ 前，盡快裝入已有藍莓果醬的玻璃瓶中。

⑨ 裝好的果醬蓋上蓋子，立即倒放降溫靜置待涼即完成。

果園

要想在城市裡擁有一塊地種菜或水果，是件多麼奢侈又困難的事。D的老家有塊地，在洋蔥收成後的休耕期，我們種起了南瓜，從整地、灑種、澆水、施肥到開花，得常常大清早到田裡幫雄、雌花蕊交配。好不容易結了果，還得細心照料、套袋，不讓一天天逐漸長大的小南瓜有所損傷。收成後，就用自己辛苦種出的南瓜，煮了南瓜濃湯、做了南瓜燉飯，還拿來烤南瓜麵包……

恆春的氣候適合植物的生長，而且長得還特別好。本來種植的左手香，在臺北時原本已奄奄一息，還好當時搬家時順手帶到了恆春，孰不知它在當地溫暖陽光的滋養下，竟無限蔓延了起來，根本無須特別照顧，只要常常澆水，就可以長得綠意盎然。平常因料理需要，我們也種了不少香料植物，薄荷、迷迭香、百里香、羅勒、辣椒、九層塔，後來索性將每次料理剩下的種籽，全丟進了花盆裡；結果，檸檬、番茄、百香果、酪梨、洛神花……全都長出來了。

這段綠色的生命體驗，讓我對於土地及食物，從此有了不同的領會與想法。正好，當時朋友送來一箱自然農法栽種的無毒柑橘，讓我視為無價珍寶，馬上將其醃漬起來準備煮果醬。以有機農法所栽種的果實，所熬煮出來的果醬，味道果然不同，它的香氣清新、濃郁更勝一般的柑橘，也帶給了我更多的創作靈感與能量。

幸福有時可以很簡單，隨手種種有機蔬果，拿到一箱無負擔的自然柑橘，生命的知足就在小事物上油然而生。

果園

想去就去吧！
那裡有熱情的朋友，近處有大海，有藍色的天，
還有筆直的大路；
人們很精神，說話很宏亮，果園裡生氣盎然！
現在我已經在路上了！

果醬內容物：

自然農法無農藥柑橘	
	500g
檸檬	半顆
砂糖	250g
威士忌	50 ml

① 將柑橘洗淨除去外皮，並將果肉白膜略微剔除，將果肉切小丁狀後醃漬。

② 檸檬洗淨壓汁備用。

③ 處理好的柑橘放入盆中，先加入檸檬汁拌勻再加入糖拌勻，柑橘果肉可舀出少許放入調理機打勻後加入盆中，包上保鮮膜醃漬約兩小時，當中記得要不時打開輕輕攪拌。

④ 將醃漬好的柑橘倒入銅鍋中，置於爐上以中大火加熱煮至沸騰即關火。

⑤ 煮好的柑橘果醬待降溫至冷卻後倒回盆中，蓋上保鮮膜放冰箱冷藏一夜。

⑥ 將冷藏一夜的半成品柑橘果醬在室溫下回溫後，再次置於爐上以中大火加熱至沸騰後，再轉中小火繼續熬煮。

⑦ 將鍋中的浮沫撈除乾淨，煮至鍋中果醬開始濃稠並呈現光亮感，攪拌時有滯重感時，加入威士忌拌勻後就可以關火。

⑧ 在果醬溫度降到 85℃ 前，盡快裝至消毒過的玻璃瓶中。

⑨ 裝好的果醬蓋上蓋子，立即倒放降溫靜置待涼即完成。

遊園

約莫 420 年前，不滿明朝朝政腐敗而棄官回鄉的湯顯祖，回到了老家江西臨川，自己蓋了座劇場，在這裡寫下他的「玉茗堂四夢」，四部劇本都以「愛情」為主題，其中改編自唐代傳奇《離魂記》的《牡丹亭》，其文學地位與藝術價值與莎士比亞齊名，劇中女主角杜麗娘和書生柳夢梅曲折離奇的第六感生死戀，劇本一推出還立刻打敗另一部浪漫經典《西廂記》，根據記載：「《牡丹亭》一出，家傳戶誦，幾令《西廂》減價。」躍升暢銷之作。

傳說，玉茗堂的周圍種滿了玉茗花，也就是現代常見的白茶花，那植栽雖然長得比屋簷還要高，卻總不見開花，直到湯顯祖寫完《牡丹亭》，請來女演員粉墨登場時，「是夕花大放，自是無歲不開。」從此「玉茗」驚人，大放異彩。

《牡丹亭》原本多達五十五齣，後世崑曲改編成劇目十二齣，《遊園》與《驚夢》是近代崑曲名家最愛點唱的兩齣經典折子。戲中十六歲的少女杜麗娘到後花園賞春，見到滿園春色，春花開遍，卻是開在這斷井頹垣，以致感嘆春色雖好，那春光虛度的日子卻教人難挨。這是寫一個女孩因情而死，又因情復生的奇情浪漫故事。史有記載，曾經有少女追這部劇，感動到「忿惋而死」；杭州有女演員演「尋夢」，情緒激動到在舞臺上仙逝歸西。杜麗娘在中國藝術史上地位之經典崇高，2007 年中國第一顆探月衛星嫦娥一號特別搭載崑曲《遊園驚夢》的戲曲選段，將震古鑠今的動人曲調穿破九霄傳回地球。

遊園

原來姹紫嫣紅開遍，似這般都付與斷井頹垣。
良辰美景奈何天，賞心樂事誰家院？
朝飛暮卷，雲霞翠軒，雨絲風片，煙波畫船。
錦屏人忒看的這韶光賤！
——《牡丹亭 ‧ 遊園》

果醬內容物：

草莓	100g
藍莓	100g
覆盆莓	80g
香蕉	三根
有機無毒食用級玫瑰花瓣	100g
威士忌	50cc
檸檬	一顆
砂糖	180g

01 藍莓洗淨後瀝乾備用。

02 草莓用流動的水洗淨草莓並去除蒂頭，動作盡量輕柔，以免壓傷草莓並容易發酵，處理好後立刻瀝乾。

03 取少許藍莓放入調理機中攪打成泥狀後，倒入盆中與草莓、覆盆莓混和，加入檸檬汁及糖拌勻，醃漬時間約二個小時，過程中要不時用湯匙攪拌均勻。

04 有機玫瑰花瓣輕輕清洗後瀝乾備用。

05 將醃漬好的莓果倒入銅鍋中，置於爐上以中大火加熱煮至沸騰，當中要不停攪拌，沸騰後轉小火繼續熬煮，並將鍋中浮沫撈除乾淨。

06 香蕉去皮切成圓片狀後加入鍋中與莓果一起熬煮，加入香蕉後浮沫會很多，需有耐心撈除乾淨。

07 將鍋中的果醬取少許加入果汁機中，加入清洗後瀝乾的玫瑰花瓣打成泥後，加入鍋中繼續熬煮。

08 將鍋中玫瑰花浮沫撈除乾淨，煮至鍋中果醬開始濃稠並呈現光亮感，攪拌時有滯重的膠狀感，再加入威士忌拌勻均勻就可關火。

09 在果醬溫度降到 85℃前，盡快裝至玻璃瓶中。

10 裝好的果醬蓋上蓋子，立即倒放降溫靜置待涼即完成。

驚夢

《牡丹亭・驚夢》:「【綿搭絮】雨香雲片,纏到夢兒邊。無奈高堂喚醒,紗窗睡不便。潑新鮮,冷汗黏煎。閃的俺心悠步嚲,意軟鬟偏。不爭多費盡神情,坐起誰忺?則待去眠。⋯⋯」

冬天的夜裡,非常適合喝點小酒,看白先勇的小說。《台北人》這部作品,從頭到尾已看過不知多少回,人生不同的階段看同一部經典,每回都能有全新的領略與不同的感觸體驗。

《遊園驚夢》是其中很令我鍾愛的一篇。白先勇先生以意識流的寫作風格,將其創作成中篇小說,主角是崑曲女伶

藍田玉，才二十出頭的清唱姑娘，在南京夫子廟得月臺以一齣《遊園驚夢》
的正派「崑腔」，唱得錢鵬志將軍為她思情，即使年事已高，頭髮枯白得都
可以作她爺爺，還是成了他的夫人，備受憐惜。

到底應了得月臺瞎子師娘那張鐵嘴，命中注定「長錯了一根骨頭」，與錢將
軍的隨從參謀鄭彥青暗通私情，卻被自己的親妹子揀了自己的姊姊往腳下
踹，一把搶走了鄭彥青，那個一生只為他活過一次的情債冤孽。

每回看這篇《遊園驚夢》，常有人生如夢的感覺。書中描述的流金風月、錦
簇繡叢，總引人逐字入神、流連夢魂中。青春難再，花有凋零的一天，不如
就讓記憶輕舞在奇幻的花香、果園中嬉遊，獨自感傷那韶光易老君難覓的美
麗與哀愁。

驚夢

情不知所起，一往而深。癡無窮無盡，夢裡迴旋。

果醬內容物：

楊桃	500g
金桔	50g
蘋果	一顆
檸檬	半顆
砂糖	250g

01 楊桃洗淨瀝乾去籽削去邊條，切成段狀後再切成小丁備用。

02 金桔用小牙刷刷洗乾淨，瀝乾後切成小圈狀去籽備用。

03 檸檬洗淨壓汁備用。

04 將蘋果洗淨去皮刨成細絲狀，與處理好的楊桃及金桔一起放入盆中，先加入檸檬汁後再加入糖拌勻，拌勻後可舀出部分，放入調理機打成泥狀後再加入盆中，蓋上保鮮膜放入冰箱冷藏一夜。

05 楊桃與金桔放在室溫下回溫，置於爐上以中大火加熱煮至沸騰，再轉小火繼續熬煮，當中要不時的攪拌。

06 將鍋中的浮沫撈除乾淨，煮到鍋中果醬開始變濃稠並呈現光亮感，攪拌時有滯重的膠狀感，就可以關火。

07 在果醬溫度降至 85℃前，盡快裝至玻璃瓶中。

08 裝好的果醬蓋上蓋子，立即倒放降溫靜置待涼即完成。

海洋泡泡

位在台灣最南端，有著台灣夏威夷封號美名的墾丁國家公園，是唯一具有珊瑚礁海域的國家公園。每年農曆三月的月圓之後，墾丁的珊瑚群便開始傳宗接代，五顏六色的精卵團瞬間爆發，像美麗的泡泡在海洋裡飛舞，就像是海面下的流星雨般，也讓海底世界多了一份極夢幻的亮麗繽紛。

2001 年 1 月 14 日，希臘籍貨輪阿瑪斯號因失去動力，而於墾丁海域擱淺。18 日船身破裂並開始漏油，因而造成了龍坑生態保護區海岸及海域廣達 20 公頃面積的嚴重污染。

被油污覆蓋的海底生物很快死去，原本棲息附近的海鳥羽毛沾黏上油污，飛行與保暖機能受到影響，所賴以維生的魚類生物也被油污污染，而海鳥為了打理自己的羽毛，也間接吃下沾黏魚身上的原油。同時，龍坑也是瀕臨絕種的椰子蟹最重要的棲息地，牠們的生態也受到嚴重衝擊。搶救期間，清除人員的隨意踩踏，對於需要長久時間才能形成的珊瑚礁，也造成了嚴重的破壞。針對這場生態浩劫，2002 年，環保署便將 1 月 14 日訂為「臺灣海域受難日」。每年春天，當我們有幸能夠透過海洋中心線上直播，一睹墾丁珊瑚產卵秀的珍貴畫面時，千萬別忘了這是上天賜予我們最寶貴的神奇——珊瑚產卵嘉年華。

這瓶果醬大膽使用具有天然膠原蛋白的山粉圓，山粉圓遇水會膨脹出一層半透明黏膜的果膠性質，作為珊瑚產卵的創意，傳遞海洋的美和環保的重要。

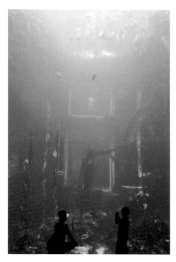

海洋泡泡 | 騎著海豚到海裡，和珊瑚一起吹泡泡。

果醬內容物：

黃檸檬	800g 顆
山粉圓	20 g
蘋果	一顆
砂糖	200g

㉑將黃檸檬以刷子輕輕刷洗後，切成四等分去皮去籽取出果肉放入盆中備用。

㉒將黃檸檬皮放入沸水中熬煮約十分鐘，待水再次沸騰後，用濾勺將皮撈出，將水換新再次煮沸，再次放下黃檸檬皮熬煮十分鐘。相同動作重複四次後，將黃檸檬皮用濾勺取出瀝乾放涼。

㉓涼透的黃檸檬皮用湯匙輕輕刮除白色苦膜的部分備用。將黃檸檬皮放入調理機中，並與黃檸檬果肉一起加入果汁機中，攪打成泥狀。

㉔蘋果洗淨去皮刨成細絲狀，與果汁機中的黃檸檬泥一起倒入盆中，加入檸檬汁及糖拌勻備用。

㉕將山粉圓放入碗中，加入少許冷水浸泡備用。

㉖將黃檸檬泥倒入銅鍋中，置於爐上以中大火加熱煮至沸騰，並不停輕輕攪拌，沸騰後轉中小火續煮，並將鍋中的浮沫撈除乾淨。

㉗將浸泡的山粉圓瀝乾水分，倒入銅鍋中，與黃檸檬果醬一起攪拌均勻。

㉘煮到鍋中黃檸檬果醬開始變濃稠，攪拌時有滯重的膠狀感就可以關火。

㉙在果醬溫度降至 85℃前，盡快裝至玻璃瓶中。

㉚裝好的果醬蓋上蓋子，立即倒放降溫靜置待冷卻即可完成。

火山爆發

在南國四年的時間，大多的時間是有大海相伴的。望著這片海洋，時間久了，人也在大海的侵襲下改變了；那些曾經以為很在意的，看似生命中最重的部分，到後來也變得不是那麼重要了。許多人和事，以及那些在你內心底處深深埋藏不想再提及的過往，全都因為這片變幻莫測的海，看著看著也就一笑泯恩仇了。

墾丁有著得天獨厚的天然資源，孕育自然資源的偉大力量，看著愛著，漸漸也不得不臣服於自然，學會了謙卑。每年官方與民間自發性的淨灘活動，仍無法挽救觀光人潮帶來的環境破壞，海洋傷口無情的擴大。人要學習的是與大自然共生共存，在極端暖化氣候驟變的現在，保護海洋已是地球公民刻不容緩的責任。

火山爆發

那年夏天寧靜的海，
詩人與畫家都在海上，母親與孩子也在海上。
航向遠方的船在太平洋，
海上的人在那邊唱歌，海上美麗島嶼的故鄉。

果醬內容物：

上層：

芒果	300g
百香果	150g
香蕉	1 根
檸檬	1 顆
砂糖	250g

下層：

蔓越莓	250g
蘋果	半顆
檸檬	半顆
糖	150g

01 將芒果洗淨去皮並將果肉切小丁，外皮上仍有些許果肉，可輕輕用湯匙刮除後與果肉一起醃漬。

02 百香果洗淨切半，將果肉及籽取出與芒果一起醃漬。

03 蘋果洗淨去皮刨成細絲狀倒入盆中，蔓越莓略為沖洗後放入蘋果盆中一起混合，將盆中混合的蘋果蔓越莓舀出少許放入調理機中攪打成泥狀後再倒回盆中，加入檸檬汁及糖拌勻，醃漬時間約一小時，當中需不時用湯匙輕輕攪拌均勻。

04 將醃漬好的蔓越莓倒入鍋中，置於爐上以中大火加熱煮至沸騰，並不停輕輕攪拌，沸騰後轉中小火繼續熬煮，並將鍋中浮沫撈除乾淨，當鍋中呈現光亮感，攪拌時有滯重的阻礙感，此時就可以準備關火。

05 煮好的蔓越莓果醬，以漏勺裝入玻璃瓶中約三分之一的量，先放至一旁備用。

06 將芒果與百香果倒入鍋中，置於爐上以中大火加熱煮至沸騰，並不時輕輕攪拌，沸騰後轉中小火繼續熬煮。

07 香蕉去皮切薄片放入鍋中與芒果百香果一起拌勻，並以中小火熬煮，此時要有耐心將鍋中香蕉的浮沫撈除乾淨。

08 煮到鍋中果醬開始濃稠呈現光亮感，攪拌時有滯重的阻礙感，此時就可以準備關火。

09 在果醬溫度降到 85℃ 前，盡快裝至有蔓越莓果醬的玻璃瓶中。

10 裝好的果醬蓋上蓋子，立即倒放降溫靜置待完全冷卻後即完成。

如想讓口感更為細緻，可在挖取百香果果肉時，以果汁機或食物調理機打碎，再與芒果一起醃漬。

不留

桂姐的先生老家在牡丹鄉的東源村，有一大片的野薑花田。一直想做一瓶野薑花口味的果醬，所以懇請他們讓我們親自去田裡採花。

午后三點，一進到牡丹鄉，就像走進了童話中的仙境般。山裡充滿了空靈氣息，了無人煙的午后，在這一大片的山林裡，悠然靜謐，一路尋找野薑花田的地理位置，邊逛邊拍照直到抵達了目的地。

一朵朵白色的野薑花，遠遠望去就像一隻隻的蝴蝶停歇在上面，那裡的野薑花長得比人還高，整個山谷飄著花朵恬淡怡人的芳香氣味。我們滿足的採了許多野薑花，也依照桂姐的要求，只取花苞，留下花梗讓它們繼續生長。

世界上有太多事物難以永恆，想留也留不住，幾年過去了，偶然間總會想起那天下午的空氣，連涼風吹拂在皮膚上的溫度都還記憶猶新。時常在夢中回到哪裡，直到太陽西下，風引著我下山，縱使不留，但另一個時空的我，卻已永遠留在哪裡了。

謝謝桂姐和正男，謝謝你們留給我那一個永生難忘的午后。

不留

抓不住，
才是真的。

果醬內容物：

野薑花瓣	80g
蘋果	600g
檸檬	1 顆
砂糖	300 g

① 將野薑花的花蕊拔除後，花瓣略為沖洗瀝乾備用。

② 檸檬洗淨壓汁備用。

③ 蘋果洗淨去皮去核後，刨成長細絲狀。

④ 處理好的蘋果絲放入盆中，先加入檸檬汁拌勻再加入糖拌勻。

⑤ 處理好的蘋果可舀出少許放入調理機打勻後再倒回入盆中，包上保鮮膜醃漬約一小時，當中記得要不時打開輕輕攪拌。

⑥ 將醃漬好的蘋果倒入銅鍋中，置於爐上以中火加熱煮至沸騰，當中要不停輕輕攪拌，沸騰後轉中小火繼續熬煮，並將鍋中的浮沫撈除乾淨。

⑦ 煮到鍋中果醬開始濃稠呈現光亮感，攪拌時有滯重的阻礙感，此時加入野薑花瓣，鍋中飄出野薑花香氣後就可以關火。

⑧ 在果醬溫度降至 85℃前，盡快裝至玻璃瓶中。

⑨ 裝好的果醬蓋上蓋子，立即倒放降溫靜置待完全冷卻即完成。

詩人

佳樂水的港口村，常有許多國內外熱愛衝浪的遊客在此玩浪，附近有家民宿兼俱衝浪教學，有時工作室及餐廳休假，就會跑到這來坐坐，順便到海邊看看這些衝浪的遊客衝浪，他們站在衝浪板上隨海浪滑行，像極了詩人在紙上寫書法的樣子，海邊的空氣很清新，像極了芭樂在嘴裡的口感，讓我想到以詩人的創意來製作一瓶果醬，這款果醬用了大量的檸檬果肉與芭樂結合，味道酸甜且清新芳香，在清冷的南國早晨，上班前配上一杯熱咖啡，用綠檸檬芭樂的滋味讓味蕾完全甦醒。

詩人

詩人不吟詩愛衝浪
他也常在衝浪時
將海景看成雪景

果醬內容物：

綠檸檬	500g
芭樂	300g
砂糖	400g

01 將綠檸檬以小刷子輕輕刷洗後，切成四等分去皮去籽取出果肉放入盆中備用。

02 芭樂洗淨去皮先切成數小塊後去籽再切成小丁狀備用。

03 將少許的綠檸檬果肉放入調理機中攪打成泥狀。

04 打好的綠檸檬泥倒入盆中，加入芭樂丁與其他綠檸檬果肉及砂糖拌勻備用。

05 將醃漬好的水果倒入銅鍋中，置於爐上以中大火加熱煮至沸騰即關火。

06 煮好的果醬倒入盆中，降溫至冷卻後包上保鮮膜放冰箱冷藏一夜。

07 將冷藏一夜的果醬在室溫下回溫，置於爐上以中大火加熱，煮至沸騰再轉中小火續熬煮。

08 將鍋中果醬的浮沫撈除乾淨，煮到鍋中果醬開始濃稠呈現光亮感，攪拌時有滯重的阻礙感，此時刨上少許的綠檸檬皮削至鍋中攪拌均勻就可以準備關火。

09 在果醬溫度降到 85℃前，盡快裝至玻璃瓶中。

10 裝好的果醬蓋上蓋子，立即倒放降溫靜置待涼即完成。

配方

在大自然中，我們學習如何的謙卑及感受到自己的渺小，十方山水皆是創作的靈草妙方，靈魂的視窗可以用來感受生活中每一刻的真實，即便是一抹陽光，都是感動生命的創作元素。

以水如月，以大地的果實為力量，生活與吃都是一種日常提案的概念，我們在歲月的推移轉換中，用飽滿與快樂的態度分享，在無私中釋放天地萬物間那股巨大的能量，以正面與熱情的態度，迎接紅塵裡的一步一腳印，於是我們領悟，這就是生命美好的配方！

新鮮的果實經由光合作用轉換成內化的養分，在層層繁複的果醬工序中，展現在口腔與味蕾的跳躍裡，讓味覺回到最初真實存在的本質。用細膩放在每一次的果醬創作裡，以乾淨的心作出純粹的果醬藝術品，將配方療癒於內在並消化過後轉化成力量，在每一天的生活裡得到安慰。

配方

快樂的特效藥，來自我們對生命簡單的想像。

果醬內容物：

上層：

鳳梨	80g
蘋果	300g
白甜桃	120g
檸檬	半顆
砂糖	250g

下層：

藍莓	100g
黑莓	100g
覆盆子	50g
草莓	50g
檸檬	半顆
砂糖	150g

01 將藍莓及黑莓洗淨瀝乾，草莓用流動的水洗淨並去除蒂頭，動作盡量輕柔，以免傷及草莓，會很快讓草莓發酵及壓傷。

02 取少許的藍莓及黑莓加入調理機中，攪打成泥狀後倒入盆中與剩下的莓果混和，加入檸檬汁及糖拌勻，醃漬約二小時，當中要不時用湯匙攪拌均勻。

03 鳳梨洗淨去皮後，將鳳梨心切除，其餘切成細條狀，鳳梨心切除的原因是鳳梨心如拿來一起煮果醬，口感較不好且容易有咬口的情形。

04 蘋果洗淨去皮切細絲，白甜桃洗淨去皮用刨絲器刨成細絲，這個步驟可以跟蘋果絲及鳳梨絲一起混合在同一盆中，盆中先倒入檸檬汁及糖，白甜桃邊動作邊攪拌其他蘋果絲及鳳梨絲，因為白甜桃很容易因氧化而顏色變得較暗沉，所以先加入糖及檸檬汁在盆中，減少因氧化造成的暗沉色差影響視覺美觀。

05 先煮下層的果醬，將醃漬好的莓果類倒入銅鍋中，置於爐上以中大火加熱煮至沸騰，當中要不停輕輕攪拌，沸騰後轉中小火續煮，並將鍋中的浮沫撈除乾淨，此時果醬開始濃稠呈現光亮感，攪拌時有滯重的阻礙感，就可以準備關火。

06 下層煮好的莓果果醬用漏勺倒入玻璃瓶中約三分之一的量備用。

07 接著煮上層的果醬，將醃漬好的鳳梨蘋果白甜桃倒入銅鍋中，置於爐上以中大火加熱煮至沸騰，當中要不停輕輕攪拌並撈除浮沫，這三種水果的浮沫會很多，要盡量撈除乾淨，讓果醬呈現乾淨無雜質的狀態，接著轉小火續煮。

08 煮到鍋中果醬開始濃稠，攪拌時有滯重的阻礙感時就可以準備關火。

09 在果醬溫度降到 85℃ 前，盡快裝至有莓果果醬的玻璃瓶中。

10 裝好的果醬蓋上蓋子，立即倒放降溫靜置待涼即完成。

火石琉璃

南國的天空,每天都像萬花筒,七彩斑斕又瑰麗,令人讚嘆大自然鬼斧神工的神奇,常常在黃昏時刻到海邊散步,一待就捨不得走,慢慢望著天空雲彩的變化,享受在城市裡無法體驗的閒適。

沙灘上的遊客,常常都是一家人來此度假,這些燦爛多變的天空色彩給了我靈感,看到許多小朋友,心裡突然湧現想為小朋友設計一款果醬,是自然又簡單甜美的口感,並具有著新生的意涵而又能與果醬的素材結合,於是有了這瓶運用水果與蜂蜜結合的作品。

相傳女媧於大荒山無稽崖煉成高經十二丈,方經二十四丈頑石 3 萬6501 塊。

煉石補天時,收集了天地五行至極之石「金石之黃石〔黃金〕」、「木石之玉石」、「火石之琉璃」、「水石之水晶」、「土石之鑽石」以天下最炙熱的「焰炎靈火」煉製而成。靈機一動,蜂蜜不就像「火石琉璃」?運用水果與蜂蜜的結合,表現果醬少見的特殊雙層透明感,猶如火石琉璃般晶瑩,讓果醬的視覺及味覺提升至另一個新的展現及體驗。

火石琉璃 | 燦若明霞，瑩潤如酥。──《紅樓夢》

果醬內容物：

蜂蜜	100g
蘋果	300g
檸檬	一顆壓汁
砂糖	150g

01 將蘋果洗淨去皮刨成細絲狀倒入盆中，加入檸檬汁及砂糖拌勻，醃漬時間約一小時，當中還是要不時地用湯匙輕輕攪拌均勻備用。

02 將蜂蜜倒入已消毒烘乾的果醬瓶中約三分之一處的份量。

03 取一半醃漬的蘋果絲倒入調理機中，一起攪打成泥狀後倒入盆中混合備用。

04 將醃漬好的蘋果倒入銅鍋中，置於爐上以中大火加熱煮至沸騰，當中要不停輕輕攪拌，沸騰後轉中小火續煮，並將鍋中的浮沫撈除乾淨。

05 煮到鍋中果醬開始濃稠，蘋果絲已煮化至沒有絲狀，並且攪拌時有滯重的阻礙感時就可以準備關火。

06 在果醬溫度降到 85℃前，盡快裝至在有蜂蜜的果醬玻璃瓶中。

07 裝好的果醬蓋上蓋子，立即倒放降溫靜置待涼即完成。

08 這款果醬由於下層的蜂蜜屬於緩慢流動感的素材，因此在作雙層的視覺表現時，上層的果醬要稍微煮的濃稠些，較能讓視覺的雙層效果較為強烈穩定。

光

站在關山上看海，是一件浪漫的事，關山位於恆春半島的西南方，以前有個名稱叫「高山巖」，由於地勢高，視野極佳，由上往下可以俯瞰整個紅柴坑海岸線，每當夕陽緩降時，海面泛映著亮麗金光，襯托珊瑚礁及瓊麻景觀，別具蒼涼美感。

有時，一去不復返的悵然美感，真的很適合表現在光這個字上。在某一瞬間，光可以有流動感，有流逝感，有瞬間成詩的感覺，在各種空間及時間上，光也能有許多差異性的強大力量，花下的少年，在光的照耀下閃亮，是青春的鳥也是飛翔的鷹，抑或是物理法則裡的虹。

有時光給我寧靜的憐憫，沒有混亂，純淨無瑕，在不同的場域裡，它成為日常裡各種不同的想像，光有不同的感知和溫柔，當人和光接觸，便和許多事物作了連結，許多最初都在光裡，而它給了答案，也給了我創作的靈魂，對於生命的感動，都在光裡發生。

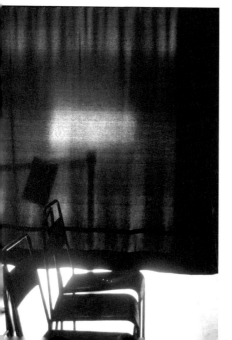

光

光沒有混亂，沒有痛苦，沒有苦難。
光是憐憫，光普照一切。
光無所畏懼，光是不朽。光是宇宙的法則。
你可以和光連接，也可以和光隔絕。
所有的最初，都在光裡。

果醬內容物：

上層：

楊桃	400g
金桔	100g
桂花	一小匙
檸檬	半顆
砂糖	250g

下層：

奇異果	300g
檸檬	半顆
砂糖	150g

01 楊桃洗淨瀝乾切除邊條並去籽後，切成段狀後再切成小丁狀，楊桃果肉可舀出少許放入調理機打勻後一起加入盆中備用。

02 金桔用小牙刷略為輕輕刷洗，洗淨瀝乾後切成圈圈狀並去籽，果肉可舀出少許放入調理機打勻後一起加入楊桃的盆中，加入檸檬汁及糖拌勻，醃漬時間約二小時。

03 奇異果洗淨去皮後切小丁狀，果肉可舀出少許放入調理機打勻後一起加入盆中，加入檸檬汁及糖拌勻，醃漬時間約一小時，當中還是要不時地用湯匙攪拌均勻。

04 先煮下層的果醬，將醃漬好的奇異果倒入銅鍋中，置於爐上以中大火加熱煮至沸騰，當中要不停輕輕攪拌以防焦底，沸騰後轉小火續煮，並將鍋中的浮沫撈除乾淨，此時果醬開始濃稠呈現光亮感，攪拌時有滯重的阻礙感，就可以準備關火。

05 下層煮好的奇異果果醬用漏勺倒入玻璃瓶中約三分之一的量備用。

06 接著煮上層的果醬，將醃漬好的楊桃及金桔倒入銅鍋中，置於爐上以中大火加熱煮至沸騰，當中要不停輕輕攪拌並撈除浮沫，盡量將浮沫撈除乾淨讓果醬呈現乾淨無雜質的狀態，接著轉中小火續煮。

07 煮到鍋中果醬開始濃稠，攪拌時有滯重的阻礙感時，此時加入桂花攪拌均勻，就可以準備關火。

08 在果醬溫度降到 85℃前，盡快裝至有奇異果果醬的玻璃瓶中。

09 裝好的果醬蓋上蓋子，立即倒放降溫靜置待涼即完成。

好時光

離開城市這幾年，才真切深刻的體會到，什麼叫簡單的幸福；一杯咖啡，一個安靜的下午，一個再平淡無奇毫不花俏的煙花，甚至是一隻小溪邊的水牛，都讓我了解到，捨去很多東西有時得到的真的更多，生活中許多微小的事物，因為這些存在，也讓自己的心開始可以細微的感受到，緩慢的生活步調，有時更讓人覺得生命中的美好真的彌足珍貴，讓城市裡的一切複雜都洗去，在這裡常常忘卻了時間，也因為這些再平常不過的日常，讓我的果醬創作力變得豐沛，這些好時光，讓平凡回到生活的最初，也讓自己找到簡單的從前。

好時光

美好的時光，就應該浪費在美好的人事物上

果醬內容物：

甜橙	250g
鳳梨	100g
蘋果	100g
愛文芒果	100g
蔓越莓乾	50g
檸檬	一顆
砂糖	300g

①將甜橙洗淨瀝乾，用刀切去外皮及白膜的部分，並將果肉取出去籽。

②將芒果洗淨除去外皮並將果肉切小丁狀，除去的外皮有些許果肉，不要浪費，也可輕輕用湯匙刮除後與果肉一起醃漬。

③鳳梨去皮去心後切小丁狀。

④蘋果洗淨去皮切成小丁狀或是你想要的任何形狀都可，但建議果肉的厚度不要太厚，可減少熬煮以及其他水果素材熬煮的時間。

⑤蔓越莓乾用食物調理機稍微攪打，不要打得太細碎即可。

⑥以上食材除了蔓越莓果乾外，其餘材料倒入盆中，加入檸檬汁及糖拌勻，醃漬時間約二小時，當中還是要不時地用湯匙攪拌均勻備用。

⑦將醃漬好的水果倒入銅鍋中，置於爐上以中大火加熱煮至沸騰，當中要不停輕輕攪拌，沸騰後轉中小火續煮，並將鍋中的浮沫撈除乾淨，此時加入蔓越莓果乾續攪拌。

⑧煮到鍋中果醬開始濃稠，攪拌時有滯重的阻礙感就可以準備關火。

⑨在果醬溫度降到 85℃前，盡快裝至玻璃瓶中。

⑩裝好的果醬蓋上蓋子，立即倒放降溫靜置待涼即完成。

有的人會保留鳳梨心打碎一起熬煮，覺得不要浪費食材，但鳳梨心較為刮舌，即使打成泥後熬煮，口感依然不是很好，因此建議不要使用。

四季

跟陳老師認識是因為我工作室裡的一幅書法，來店裡的
客人鮮少會發現這幅字，寫這幅字的人其實大有來頭，
我與陳老師的認識也是從這幅字開始的。

陳老師會多國的語言，母親是日本人，她偶爾會來店裡
喝下午茶，聊著聊著也就變成了好朋友，有天她很雀躍
的告訴我，她的母親也會做果醬，在她嫁人時，母親親
自作了果醬讓她帶來台灣，因而她對果醬有一種特殊的
情感。

我們因為書法及果醬結緣，我不知道陳老師的母親用了
什麼素材作了那瓶果醬，只知道是代表了四季，於是我
也做了一瓶用四種素材結合而成的果醬送給她，希望她
永遠懷念母親對她的思念及用心，永遠忘不了陳老師收
到我的果醬的那一刻，眼裡泛著淚光，告訴我她想起了
過世的母親，真實自然的食物帶給人溫暖及幸福，真正
的情感永遠是生命中最大的重量。

四季

洋子出嫁時，
母親用了四種素材親手做成一瓶果醬。
母親說這代表著四季，
也代表一個母親對女兒的不捨及思念。

果醬內容物：

上層：

香蕉	400g
百香果	100g
檸檬	半顆
砂糖	250g

下層：

草莓 300g	
有機無毒食用新鮮玫	
瑰花瓣	80g
檸檬	一顆
砂糖 1	80g

01 用流動的水洗淨草莓並去除蒂頭，動作盡量輕柔，以免傷及草莓，會很快讓草莓發酵及壓傷，處理好後將草莓倒入盆中，加入檸檬汁及砂糖拌勻，醃漬時間約一小時，當中還是要不時地用湯匙輕輕攪拌均勻備用。

02 有機玫瑰花略洗後瀝乾備用。

03 百香果洗淨後切半並將百香果肉及籽取出備用。

04 香蕉切薄片，加入檸檬汁及砂糖醃漬，這個動作可在醃漬好草莓後開始進行，醃漬時間約為一小時，當中也是要不時地用湯匙輕輕攪拌均勻備用。

05 將醃漬好的草莓倒入銅鍋中，置於爐上以中大火加熱煮至沸騰，當中要不停輕輕攪拌，沸騰後轉小火續煮，並將鍋中的浮沫撈除乾淨。

06 將鍋中的果醬取少許加入調理機中，加入食用級玫瑰花瓣打成泥後，倒入果醬鍋中繼續熬煮。

07 將鍋中玫瑰花的浮沫撈除乾淨，煮到鍋中果醬開始濃稠呈現光亮感，攪拌時有滯重的阻礙感，此時就可以準備關火。

08 下層煮好的果醬用漏勺倒入玻璃瓶中約三分之一的量備用。

09 將香蕉倒入銅鍋中，置於爐上以中火加熱煮至沸騰，因為香蕉非常容易有焦鍋的狀況，當中要不停輕輕攪拌，沸騰後轉小火續煮，此時加入備用的百香果入鍋一起熬煮，並將鍋中的浮沫撈除，香蕉及百香果的浮沫會很多，需有耐心撈除乾淨。

10 煮到鍋中果醬開始濃稠，攪拌時有滯重的阻礙感就可以準備關火。

11 在果醬溫度降到 85℃前，盡快裝至有草莓玫瑰果醬的玻璃瓶中。

12 裝好的果醬蓋上蓋子，立即倒放降溫靜置待涼即完成。

....

百香果如想讓它口感更為細緻，可在挖出果肉時，以果汁機或食物調理機打成細末狀使用，一樣不減其在果醬中風味的表現。

糾纏

公休的午后，我和 D 來到滿州鄉港口村的一家民宿兼餐廳，還附帶著衝浪教學的地方，陽光很好，對的時間有對的期待。

店主人很客氣問我們點些什麼，之後禮貌性的寒暄幾句，我們便耐心的等待在南國難得可以吃到的美味漢堡。餐後喝著咖啡，望著窗外的衝浪板，開始思考起衝浪者與浪的關係，進而想起客人曾聊起的許多愛恨情仇的關係，你覺得什麼樣的關係是糾纏呢？無論好的或壞的結果，情人的糾纏、婚姻的糾纏、親情的糾纏，我與果醬之間連結的糾纏，甚而我與自己身體的、心理的，在空氣間及眼睛看到的所有微妙的一切，都是一種糾纏。

這瓶果醬的創意來自處理柚子時所想到的，層層的果肉在盆子裡交錯複雜的串聯，放入糖及檸檬汁後，看著它慢慢變化，果肉交錯重疊，甚至在熬煮煉製裝瓶後，它們在瓶中都還是糾結在一起。許多關係不就是這樣？都在糾纏裡共伴存在並發生著，剪了，還可以再長出來；走過，未必會再走第二次。廚房裡有許多有趣的人生哲理，許多關係的綑綁糾結，讓我們的人生更為豐富，一瓶果醬也許有萬千繁複的人生滋味，化在嘴裡，在肚子裡變成了另一種糾纏。

離開餐廳時，天色已昏暗，想起今天可以看到月光海，於是衝到佳樂水，在海邊等待著月亮從海面上升起的那一刻，漁船燈火點點地在海面上，銀白色的月光下，映著點點船隻剪影，在佳樂水的沿海路上，夏天的夜裡，等待著與月光海之間的糾纏。

糾纏

有些愛情好像指甲一樣，
剪掉可以再重新長出來。
有些愛情好像牙齒一樣，失去了就永遠沒有了。

——李碧華

果醬內容物：

柚子	500g
蜂蜜	40g
檸檬	一顆
蘋果	200g
砂糖	350g

① 將柚子洗淨除去外皮並將果肉取出，柚子的果肉裡會有許多小籽，需要些耐心將小籽去除乾淨，以免影響煮出來的口感及容易有苦味。

② 蘋果洗淨去皮去核後，切成長細絲狀倒入盆中。

③ 將處理好的柚子果肉一起倒入蘋果盆中，加入檸檬汁及糖拌勻，醃漬時間約三小時，當中還是要不時地用湯匙輕輕攪拌均勻備用。

④ 將醃漬好的柚子倒入銅鍋中，置於爐上以中大火加熱煮至沸騰即關火。

⑤ 煮好的柚子果醬倒入盆中，降溫至冷卻後，包上保鮮膜放冰箱冷藏一夜。

⑥ 將冷藏一夜的柚子果醬在室溫下回溫，置於爐上以中大火加熱煮至沸騰再轉中小火續熬煮。

⑦ 加入蜂蜜續煮，將鍋中的浮沫撈除乾淨，煮到鍋中果醬開始濃稠呈現光亮感，攪拌時有滯重的阻礙感，就可以準備關火。

⑧ 在果醬溫度降到85℃前，盡快裝至玻璃瓶中。

⑨ 裝好的果醬蓋上蓋子，立即倒放降溫靜置待涼即完成。

野餐

旭海，是我在南國常常去的地方，從牡丹
水庫再進去，宛如進到一個世外桃源般，
空靈的環境讓人覺得在這裡彷彿時間是暫
停的，在這裡待上一整天，也很難遇到幾
個人，偌大的山裡，常常遇到幾隻猴子、
松鼠、水牛，都是極為平常的事。
那天帶著果醬本要去旭海溫泉泡湯，行經
一條小溪，看到眼前的景致令人通體舒暢，
於是坐在溪邊泡腳另拍下了這張照片，本
想泡湯卻遇到內部整修，正想離開時，遇
到附近原住民的小朋友，我問他們平常會
吃果醬嗎？他們告訴我他們吃的是早餐店
的那種一大桶的果醬，了解過後才知道，
原來小朋友的家裡在那邊是開早餐店的，
心想大概是營業用的人工果醬吧，於是將
準備要野餐用的果醬，送給了他們享用，
希望他們吃了之後，能在心裡留下，曾經
嘗過的真實食物的滋味。

野餐

把所有的工作都拋開。

一起來野餐！

眼睛看的，嘴裡吃的，都是風景。

果醬內容物：

甜橙	300g
香蕉	三根
蘋果	100g
百香果	100g
檸檬	半顆
砂糖	300g

01 將甜橙洗淨瀝乾，用刀切去外皮及白膜的部分，並將果肉取出去籽，將果肉切小丁狀後備用。

02 蘋果洗淨去皮切小丁狀，檸檬洗淨壓汁備用。

03 百香果洗淨後切半並將百香果肉及籽取出備用。

04 處理好的甜橙，蘋果及百香果放入盆中，先加入檸檬汁拌勻再加入糖拌勻，盆中的果肉可舀出少許放入果汁機打勻後一起加入盆中，包上保鮮膜醃漬約兩小時，當中記得要不時地打開輕輕攪拌。

05 將醃漬好的水果倒入銅鍋中，置於爐上以中大火加熱煮至沸騰即關火。

06 煮好的果醬倒入盆中，降溫至冷卻後倒入盆中，包上保鮮膜放冰箱冷藏一夜。

07 將冷藏一夜的果醬在室溫下回溫，置於爐上以中大火加熱，此時將香蕉切薄圓片加入鍋中煮至沸騰再轉中小火續熬煮。

08 將鍋中果醬的浮沫撈除乾淨，煮到鍋中果醬開始濃稠呈現光亮感，攪拌時有滯重的阻礙感，此時就可以準備關火。

09 在果醬溫度降到 85℃前，盡快裝至玻璃瓶中。

10 裝好的果醬蓋上蓋子，立即倒放降溫靜置待涼即完成。

黑雨

七夕是一個美麗又浪漫的日子,也是中國
的情人節,相傳自南北朝起,牛郎織女隔
著銀河,於每年的農曆七月七日會在鵲橋
相會,這千古流傳的愛情故事,也成了中
國傳統節令中最富浪漫淒美的民俗節日。

臺灣民間在七夕當天,會在床上擺設麻油
雞、油飯、七張刈金和婆姐衣等祭拜婆姐。
並在黃昏時在門口設供桌準備雞油飯、胭
脂水粉、鮮花、刈金和婆姐衣等祭品,一
直到今日,七夕仍然是一個極富浪漫色彩
的傳統節日,雖然已有不少習俗活動已弱
化消失,但惟有象徵忠貞愛情的牛郎織女
的傳說,一直流傳民間。

這瓶果醬的創意來自這個美麗淒美的傳
說,因此在果醬的顏色上,取自於宇宙銀
河中的黑,水果的口感用黑醋栗的酸來表
現這個一年只能見一次面的牛郎織女,他
們心中百感酸楚的心情。

黑雨

有一種眼淚　匯集 365 天

不驚天動地　在星宿中隨時光起落

在每年的這一刻

默默流下……情人的眼淚

果醬內容物：

黑醋栗	300g
火龍果	150g
Whisky	100cc
檸檬	一顆
砂糖	300g

① 黑醋栗略為沖洗後瀝乾備用。

② 檸檬洗淨壓汁備用。

③ 火龍果洗淨去皮後切成小丁狀備用。

④ 瀝乾的黑醋栗及火龍果丁放入盆中，加入檸檬汁拌勻再加入糖拌勻。

⑤ 取盆中少許的果肉放入調理機打勻後一起加入盆中，包上保鮮膜醃漬約一小時，當中記得要不時的打開輕輕攪拌。

⑥ 將醃漬好的水果倒入銅鍋中，置於爐上以中大火加熱煮至沸騰即關火。

⑦ 煮好的果醬倒入盆中，降溫至冷卻後倒入盆中，包上保鮮膜放冰箱冷藏一夜。

⑧ 將冷藏一夜的果醬在室溫下回溫，置於爐上以中大火加熱，黑醋栗很容易焦鍋，所以要不停地攪拌以防沾鍋，煮至沸騰再轉小火續熬煮。

⑨ 將鍋中果醬的浮沫撈除乾淨，煮到鍋中果醬開始濃稠呈現光亮感，攪拌時有滯重的阻礙感，此時加入 Whisky 於鍋中拌勻就可以準備關火。

⑩ 在果醬溫度降到 85℃前，盡快裝入玻璃瓶中。

⑪ 裝好的果醬蓋上蓋子，立即倒放降溫靜置待涼即完成。

戀花

白先勇的小說台北人裡的《孤戀花》寫的是一個人的
生命情調以及大時代動盪變遷的浪漫史詩，在這個故
事裡完整的呈現出，在時光流轉與命運交錯間，生命
無限的脆弱與渺小，許多關係不斷膠著交疊、那些動
人情愛只在凝固成一個記憶時才能持久，因為青春的
追憶永遠是最美麗的哀愁。

花在我的果醬創作裡一直常被運用，不同的素材在果
醬裡呈現出的滋味也截然不同，金盞花的花語代表了
絕望、迷戀、離別及盼望的幸福，為了做這瓶果醬，
我嘗試了將金盞花放在料理與果醬上如何呈現出各自
不同的風味，在重看了白先勇先生的作品後，想為這
篇小說作一瓶果醬來記錄自己，用金盞花與水果的結
合熬煮出來的果醬，味道微酸微甜，像極了故事裡人
生中許多關係的流動滋味。

戀花 │ 青春攏誰人愛
變成落葉相思栽
——白先勇〈孤戀花〉

果醬內容物：

蘋果香蕉

金盞花

藍莓

黑醋栗

檸檬

糖

上層：

蘋果	200g
香蕉	400g
金盞花	20g
蘋果	100g
檸檬	半顆
砂糖	350g

下層：

藍莓	300g
黑醋栗	100g
蘋果	100g
檸檬	半顆
砂糖	250g

①蘋果洗淨去皮去核切細絲放入盆中。

②黑醋栗及藍莓略為沖洗後瀝乾放入蘋果盆中，加入檸檬汁拌勻再加入糖拌勻備用。

③將盆中少許水果放入調理機中攪打成泥狀後，倒回盆中包上保鮮膜醃漬約二小時，當中記得要不時打開輕輕攪拌。

④將黑醋栗藍莓倒入銅鍋中，置於爐上以中大火加熱煮至沸騰，當中要不停輕輕攪拌並撈除浮沫，讓果醬盡量乾淨無雜質，沸騰後轉小火續煮。

⑤此時果醬開始濃稠呈現光亮感，攪拌時有滯重的阻礙感，就可以準備關火。

⑥煮好的果醬用漏勺倒入玻璃瓶中約三分之一的量備用。

⑦接著煮上層的部份，將蘋果洗淨去皮刨成細絲狀倒入盆中，加入檸檬汁及砂糖拌勻備用。

⑧香蕉切薄片倒入蘋果盆中一起混合，醃漬時間約一小時，當中還是要不時地用湯匙輕輕攪拌均勻備用。

⑨從盆中取少許醃漬好的水果加入調理機中，攪打成泥狀後倒入盆中。

⑩將醃漬好的蘋果香蕉倒入銅鍋中，置於爐上以中大火加熱煮至沸騰，當中要不停輕輕攪拌，沸騰後，轉中小火並加入金盞花續熬煮，並將鍋中的浮沫撈除乾淨。

⑪煮到鍋中果醬開始濃稠，攪拌時有滯重的阻礙感時就可以準備關火。

⑫在果醬溫度降到 85℃前，盡快裝至有黑醋栗藍莓果醬的玻璃瓶中。

⑬裝好的果醬蓋上蓋子，立即倒放降溫靜置待涼即完成。

樂園

一直到車開到山頂上，才開始忘記了沿路的暈眩，因為眼前的景致，巨大空靈的氣息令人感到震懾。山頂上有許多天然的石板排列的桌椅，一望無際整片的橄欖樹結滿了果實，山頂上只有我們四個人，站在制高點可以看到一路上沿途的無敵海景，我們選擇在這裡野餐，空氣中彷彿有著乾淨的自然香甜味，安靜的午後，連飛過的鳥翅膀振動的聲息都能聽見，朱自清先生曾說過：「我愛群居，也愛獨處；我愛熱鬧，也愛冷靜。」在熱鬧和寂靜的空間中，都會讓人的情緒得以放鬆，身處的環境不一樣，會讓人產生不一樣的情緒。

一個人快不快樂，只有自己最清楚，到了最後才明白，還是平平淡淡的生活最踏實快樂，如同白開水般的平淡無味，卻蘊含著更多層次的人生五味，這裡是我們的私人樂園，每每工作之餘累了，能找到一個隱藏版的私房景點，不受打擾的在這裡放空療癒，也是另一種福至心靈的春暖花開。下山時，開著車沿路拔著野菜，像如獲至寶般的喜悅，擁有簡單思想的人過著簡單的生活，就是一種快樂。

樂園

一個化了妝的詩人
不能寫太累的詩
倦了，也不能怨天尤人
一個人要挺住的　不是悲哀
而是樂園裡的春暖花開

果醬內容物：

黃檸檬	400g
甜橙	150g
金桔	50g
香蕉	三根
香草籽	一枝
檸檬	一顆
砂糖	500g

01 將黃檸檬以小刷子輕輕刷洗後,切成四等分去皮取出果肉放入盆中備用。

02 將黃檸檬的皮放入煮開的沸水中煮約 10 分鐘,待水再次沸騰後,用濾勺將皮撈出,將水換新再次煮沸再放下黃檸檬皮熬煮 10 分鐘,這樣的動作重複四次後,將黃檸檬皮用濾勺取出瀝乾待涼。

03 涼透的黃檸檬皮,用湯匙輕輕刮除白色苦膜的部分備用。

04 涼透的黃檸檬皮放入調理機中,並將盆中的黃檸檬果肉一起加入調理機中,一起攪打成泥狀後倒入盆中。

05 將甜橙洗淨瀝乾,用刀切去外皮及白膜的部分,並將果肉取出去籽,將果肉切小丁狀後放入黃檸檬盆中。

06 香蕉去皮切薄片倒入黃檸檬盆中一起混合。

07 金桔洗淨切半取其香氣擠出汁液後果皮丟棄,倒入甜橙及黃檸檬盆中一起混合,加入檸檬汁拌勻再加入糖拌勻,包上保鮮膜放入冰箱冷藏醃漬一夜。

08 隔日從冰箱冷藏一夜拿出後,先在室溫下退冰後倒入銅鍋,然後置於爐上,以中大火加熱煮至沸騰,當中要不停地攪拌防止果醬在鍋底燒焦。

09 沸騰後即可轉中小火續煮,這時切開香草莢取出香草籽並將香草莢及香草籽輕輕的一起放進鍋內充分混合。

10 因為甜橙的關係,果汁會較多,煮到鍋中的果醬開始濃稠有光澤感,攪拌時有滯重的阻礙感就可以準備關火。

11 在果醬溫度降到 85℃前,盡快裝至玻璃瓶中。

12 裝好的果醬蓋上蓋子後,立即倒放降溫靜置待涼即完成。

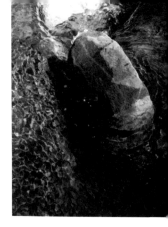

漿果森林

離開職場生活，搬到台灣的最南邊，開了餐廳及果醬工作室，開始了慢活的生活，一到休假就到處去探秘，成了名副其實的冒險王。

彷彿時空錯亂，一腳踏入了亞馬遜熱帶雨林的地方，那也是我喜歡去的私房秘境，一般的遊客不會到這裡，走一段路就進入遺世獨立如叢林般的所在，綠色植物圍繞的原始森林小徑，沿途盡是蟲鳴鳥叫聲相伴著，如精靈般的山中蝴蝶翩翩飛舞，時而走在溪流時而漫步小徑，深山幽谷溪石堆疊，粗獷原始又幽靜的氣息很有力度的直竄心底，是一股溫柔的震撼力，難以想像在恆春半島臨海地形裡，竟有處神秘幽谷藏了一條精巧秀麗的瀑布，溪流的水終年不缺水，即便是炎炎夏日也暑氣全消，鬼斧神工的欖仁溪峽谷，在這一處小巧隱密純淨的仙境裡，瞬間能讓人拋去心裡的煩憂，在大自然的奧妙與怡然自得中得到無限的美好與感動！

漿果森林

放下辦公室裡的無味沉淪，
我們一起往叢林奔跑，
鼓噪的大象，吼叫的老虎，
天空是無止盡的藍，水是金黃色，
這是奇幻的漿果雨林，我們置身其中，
午夜時分，叢林裡有我們……

果醬內容物：

藍莓	150g
草莓	150g
蔓越莓	150g
覆盆子	150g
檸檬	一顆
砂糖	300g

01 將藍莓、草莓、蔓越莓以流動水洗淨瀝乾，動作盡量輕柔，以免傷及草莓，草莓去除蒂頭後將其他材料一起放入盆中。

02 盆中加入檸檬汁及糖攪拌均勻，包上保鮮膜放入冰箱冷藏醃漬一夜，當中還是要不時用湯匙攪拌均勻備用。

03 隔日從冰箱冷藏一夜拿出後，先在室溫下退冰後倒入銅鍋，然後置於爐上，以中大火加熱煮至沸騰，當中要不停地攪拌防止果醬在鍋底燒焦。

04 沸騰後即可轉中小火續煮，並隨時撈除多餘的浮沫。

05 持續攪拌，防止果醬燒焦。

06 煮到鍋中的果醬開始濃稠有光澤感，攪拌時有滯重的阻礙感就可以準備關火。

07 在果醬溫度降到 85℃前，盡快裝至玻璃瓶中。

08 裝好的果醬蓋上蓋子，立即倒放降溫靜置待涼即完成。

時間

煮果醬成生活中重要的事,離開職場,無心插柳的走進果醬世界,用了長時間來研究這件事,生活中除了料理之外,大部分的時間裡,都在想著果醬配方的組合,如何把果醬變成藝術的呈現,逐漸變成了自己另一個重要的人生。

有時將生活中大小事物的感官放大,果醬的創意及想法便源源不絕,這是一件有趣的事,一輩子要將一件事做好做到專業不是一件容易的事。時間就是生命的真理,能在喜歡的事物上獲得樂趣,就不是浪費時間,於是重複著 365 天裡的攪動,攪出滾燙冷凝後的色彩,日復一日,成了彩色記憶。

時間 |

在時間裡咀嚼人生滋味
時針窈窕如黑夜
分針是解脫的歡愉
秒針冷極而純淨
而我
只剩一秒的記憶

果醬內容物：

上層：

香蕉	400g
百香果	100g
蘋果	200g
白酒	100cc
檸檬	半顆
砂糖	350g

下層：

蘋果	200g
火龍果	200g
Whisky	100cc
檸檬	一顆
砂糖	200g

01 將蘋果洗淨去皮刨成細絲狀倒入盆中，加入檸檬汁及砂糖拌勻備用。

02 火龍果洗淨去皮後切成小丁狀加入蘋果絲的盆中拌勻，包上保鮮膜放入冰箱冷藏二小時。

03 百香果洗淨後切半並將百香果肉及籽取出備用。

04 將香蕉切薄片倒入盆中，加入百香果果肉，加入檸檬汁及糖拌勻，包上保鮮膜放入冰箱冷藏，醃漬時間約二小時，當中還是要不時地用湯匙攪拌均勻備用。

05 先煮下層果醬，將蘋果火龍果從冰箱拿出後，先在室溫下退冰回溫再倒入銅鍋，然後置於爐上，以中大火加熱煮至沸騰，當中要不停地攪拌防止果醬在鍋底燒焦。

06 沸騰後即可轉中小火續煮，並隨時撈除浮沫。

07 持續攪拌防止果醬燒焦，因為有火龍果的關係，鍋中的果汁會較多，煮到鍋中的果醬開始濃稠有光澤感，攪拌時有滯重的阻礙感，此時加入 Whisky 於鍋中拌勻就可以準備關火。

08 煮好的果醬用漏勺倒入玻璃瓶中約三分之一的量備用。

09 將香蕉蘋果百香果倒入銅鍋中，置於爐上以中火加熱煮至沸騰，當中要不停輕輕攪拌，因為香蕉非常容易有焦鍋的狀況，沸騰後轉小火續熬煮並將鍋中的浮沫撈除乾淨，香蕉及百香果的浮沫會很多，需有耐心撈除乾淨增加果醬的純淨度。

10 煮到鍋中果醬開始濃稠，攪拌時有滯重的阻礙感就可以準備關火。

11 在果醬溫度降到 85℃前，盡快裝至下層有蘋果火龍果果醬的玻璃瓶中。

12 裝好的果醬蓋上蓋子，立即倒放降溫靜置待涼即完成。

百香果如想讓它口感更為細緻，可在挖出果肉時，以果汁機或食物調理機打成細末狀使用，一樣不減其在果醬中風味的表現。

段落

沒有自制力永遠不會成功，儘管你不想做某些事，但你還是盡全力去做了，這樣你就能做成你想做的事。從沒想過自己有天會投入手作職人的行列，人生不同的階段有不同的生命規畫，從設計，廣告媒體到料理這條路，似乎每一次改變都是一場冒險，每個人的生命之中都有自己的盲點，針對自己個性的某種弱點，某種消極的心理來做自我的訓練，控制自己不是一件容易的事，每個人的心中永遠存在著理智與情感之間的鬥爭。

在南國墾丁的這幾年，遇過許多來自不同領域的人，他們願意接受超出自己的想像，全身投入其中完成他們想做的事，有的是為了夢想，有的是為了利益，好的壞的都成了生命當中重要的養分，做這瓶果醬時，遇到了生活中的一些低潮，於是想記錄這段時間以來心情的種種堆疊，在果醬的創作上要持續不斷一直推陳出新，不停地嘗試似乎也是一種欲望的追求，更重要的在精神上也必須有另一番的自制，才能做到建立毅力的前提，空間容納人，時間改變人，許多段落是控制思想及控制行為的過渡，時間長了，自制成為一種習慣，一種生活方式時，在無形中所有的練習便有了另一種力量。

段落 |

每個人心中都有一個孫悟空，
人生大起之後必有大落，
失落不在於得不到，在於你竭盡全力得到以後，
才發現那不是你想要的。
蟠桃大會後，悟空在五行山下閉門思過，
他開始學會自制這件事，唯有學會自制，
他才能從新獲得真正的力量。

果醬內容物：

美國蟠桃	1000g
檸檬	一顆
砂糖	500g

01 蟠桃洗淨瀝乾切成薄片狀，果皮保留不需另行丟棄，蟠桃的果皮是其膠質很大的來源。

02 將處理好的蟠桃輕輕倒入盆中，剩餘的果皮倒入食物調理機中略打後一起倒入盆中，加入檸檬汁及糖攪拌均勻，動作盡量輕柔，因為蟠桃質地很脆弱嬌貴，容易因為過度用力而使果肉受損，攪拌均勻後包上保鮮膜放入冰箱冷藏醃漬一夜，當中還是要不時地用湯匙輕輕攪拌均勻。

03 隔日從冰箱冷藏一夜拿出後，先在室溫下退冰後倒入銅鍋，然後置於爐上，以中大火加熱煮至沸騰，當中要不停地攪拌防止果醬在鍋底燒焦。

04 沸騰後即可轉中小火續煮，並隨時撈除浮沫。

05 持續攪拌，防止果醬燒焦。

06 煮到鍋中的果醬開始濃稠有光澤感，攪拌時有滯重的阻礙感就可以準備關火。

07 在果醬溫度降到 85℃前，盡快裝至玻璃瓶中。

08 裝好的果醬蓋上蓋子，立即倒放降溫靜置待涼即完成。

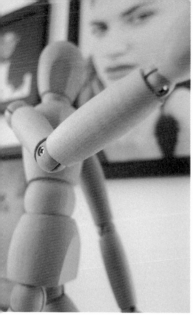

女明星

有人說，三十歲過後的容貌是自己要對自己負責
的，有的人天生擁有姣好的容顏，卻少了一分靈
氣，優雅的氣質這件事有時候不是與生俱來的，
美麗的哲學並不是只有表面，裡外兼具的氣質，
有時要由心開始保養，一個從不在意自己臉上皺
紋的女明星說「人生太美了，美到你根本不用擔
心自己臉上的皺紋」！傳奇就永存我們心中，彷
彿永遠不曾離開。

奧黛麗·赫本活躍於 1950 和 1960 年代的美國
影壇，她向來以優雅的氣質和卓越品味的穿著著
稱，在她傳奇的一生中，總和時尚永遠脫離不了
關係，1954 年年方廿四歲的奧黛麗·赫本以《羅
馬假期》榮獲第 25 屆奧斯卡影后的殊榮。從影
超過卅年，作品雖不算多，但在她精挑劇本和慎
選合作導演的一貫堅持下，作品中一半以上堪稱
影史上的經典，如《羅馬假期》、《第凡內早餐》
和《窈窕淑女》等等。奧黛麗·赫本晚年淡出影
壇投身公益，多次親身造訪第三世界，以實際行
動來付諸她的愛。1993 年 1 月 20 日奧黛麗·
赫本在瑞士家中病逝，享年 63 歲。1999 年，
奧黛麗·赫本被美國電影學會選為百年來最偉大
的女演員第 3 名。

這瓶果醬選用玉荷包及有機食用級玫瑰花的組合
來表現這瓶果醬的獨特之處，其果肉的甜美與玫
瑰特殊的香氣，兩者融合巧妙優雅化在嘴裡的口
感，讓味蕾有了難以忘懷的絕妙滋味。

女明星

一個偉大的女明星，
在舞台上就必須擁有屬於自己的姿態。

果醬內容物：

玉荷包	500g
有機無毒食用玫瑰花	
	100g
蘋果	300g
檸檬	一顆
糖	350g

① 用流動的水洗淨玉荷包瀝乾備用。

② 檸檬洗淨壓汁備用。

③ 蘋果洗淨去皮去核切細絲備用。

④ 將瀝乾的玉荷包剝除外殼，果肉取出後倒入盆中，將咖啡色的內膜小心去除，內膜會影響口感，因此在製作果醬時不適宜使用。

⑤ 將蘋果絲及玉荷包的果肉倒入盆中，加入檸檬汁及糖拌勻，包上包鮮膜後，放進冰箱冷藏一夜，當中還是要不時地用湯匙輕輕攪拌均勻。

⑥ 將冷藏一夜的玉荷包在室溫下回溫，置於爐上以中大火加熱煮至沸騰再轉中小火續熬煮。

⑦ 食用級有機玫瑰花在玉荷包從冰箱拿出回溫時先行略洗瀝乾備用。

⑧ 將鍋中的玉荷包果醬取少許加入調理機中，加入食用級玫瑰花瓣打成泥後，倒入果醬鍋中繼續熬煮。

⑨ 將鍋中玫瑰花的浮沫撈除乾淨，轉小火續煮並將鍋中剩餘的的浮沫繼續撈除乾淨，煮到鍋中果醬開始濃稠呈現光亮感，攪拌時有滯重的阻礙感，此時就可以準備關火。

⑩ 在果醬溫度降到 85℃前，盡快裝至玻璃瓶瓶中。

⑪ 裝好的果醬蓋上蓋子，立即倒放降溫靜置待涼即完成。

一味

傳說在神農嘗百草的時代，就已經發現
了茶的妙用，歷經了唐、宋的盛行，乃
至明代的改革至今，茶仍是國人所喜愛
的飲料。

在唐代飲茶的風氣已頗為盛行，不但貴
族們喜愛啜飲，連民間也大為流行。陽
羨唐貢山所產的「貢茶」，是皇室喜愛
的珍品，雖然產量不多卻十分名貴，在
當時陽羨茶必須在清明前送到長安，做
好的茶立即快馬加鞭，不分日夜奔行數
千里，到朝廷先薦宗廟後賜重臣，以茶
來開設清明大宴，茶的身價由此可見。

唐代時不僅國內飲茶，也輸送至各國。
由「榷茶使」司掌，（宋稱為「茶馬
司」），當時來華留學生也以日本為多，
日本僧人最澄，學成後將茶苗帶回日本，
於是日本開始植茶。宋代日本榮西禪師
來我國留學，將所學寫成「喫茶養生
法」，於是日本的茶經就此誕生，接著
日本的茶道開始宏揚，注入日本人的精
神，再賦與宗教及禮教意味，成為「日
本茶道」。

日日是好日，是中國茶道所追求的最高
層次。除了以茶入菜，也一直想以茶來
跟果醬做結合，這次以綠茶與水果結合，
將綠茶及哈密瓜的香氣合而為一，讓顏
色呈現漸層的效果，味道芳雅不膩是這
瓶果醬主要表現的口感重點。

一味

寒夜客來茶當酒
竹爐湯沸火初紅
尋常一樣窗前月
纔有梅花便不同
——宋·杜小山〈寒夜〉

果醬內容物：

上層：

哈密瓜	500g
蘋果	100g
檸檬	半顆
砂糖	300g

下層：

蘋果	300g
頂級綠茶	20g
抹茶粉	10g
檸檬	一顆
砂糖	180g

① 將蘋果洗淨去皮刨成細絲狀倒入盆中，加入檸檬汁及砂糖拌勻備用。

② 哈密瓜洗淨去皮去籽後切成薄片狀加入蘋果絲的盆中拌勻，包上保鮮膜放入冰箱冷藏二小時。

③ 下層的蘋果洗淨去皮刨成細絲狀倒入盆中，加入檸檬汁及砂糖拌勻備用。

④ 將下層盆中的蘋果舀出少許並加入日本頂級綠茶放入調理機中攪打成泥狀後，倒回盆中包上保鮮膜放入冷藏醃漬約二小時，當中記得要不時地打開輕輕攪拌。

⑤ 先煮下層果醬，將蘋果綠茶從冰箱拿出後，先在室溫下退冰回溫再倒入銅鍋，然後置於爐上，以中大火加熱煮至沸騰，當中要不停攪拌防止果醬在鍋底燒焦。

⑥ 沸騰後即可轉中小火續煮，此時將抹茶粉過篩倒入鍋中攪拌均勻。

⑦ 鍋中隨時撈除浮沫雜質。

⑧ 煮到鍋中的果醬開始濃稠有光澤感，攪拌時有滯重的阻礙感就可以準備關火。

⑨ 煮好的果醬用漏勺倒入玻璃瓶中約三分之一的量備用。

⑩ 將冰箱冷藏的哈密瓜蘋果在室溫下回溫後倒入銅鍋中，置於爐上以中大火加熱煮至沸騰再轉中小火續熬煮，當中要不停輕輕攪拌。沸騰後轉小火續煮並將鍋中的浮沫撈除乾淨，

⑪ 煮到鍋中果醬開始濃稠，攪拌時有滯重的阻礙感就可以準備關火。

⑫ 在果醬溫度降到 85℃前，盡快裝至蘋果綠茶果醬的玻璃瓶中。

⑬ 裝好的果醬蓋上蓋子，立即倒放降溫靜置待涼即完成。

氣球

二訪龍田村，順道就來跟九叔公打招呼，第一次在他對面的阿榮雜貨店聽到九叔公時，心想應該是個年紀很大的阿伯吧？沒想到走進來一個男人，雜貨店的阿榮哥說這就是九叔公。眼前一個年輕又帥氣的人稱自己為九叔公倒也是趣味啊！

這次再訪龍田村，九叔公熱情的邀請我們去他的民宿喝茶，他們夫妻兩人放棄了城市的生活到龍田村好多年了，自己一個人辛苦的將民宿打造起來，能自己來的絕不假手他人，在這個純樸的小村莊，有著簡單的人做著簡單的事，放下了繁華世界來到這個了無人煙的地方，夢想對他而言不是遙不可及的事，就像氣球一般，飛到想停留的地方便停留下來，一切都是那麼的理所當然。

看著他與他的老婆在這裡生根，沒有錦衣玉食卻活得如此快樂，我想快樂真的可以很簡單。黃色的芒果像氣球明亮的顏色般飛在天空，每次做這款果醬總想起這對很有溫度又活的自在逍遙的夫妻，九叔公，祝福你們平安順心！

氣球

黃先生的鬍子捲了起來
變成氣球，飛到天空，掉進海裡

果醬內容物：

芒果	800g
香草莢	一枝
蘋果	200g
檸檬	一顆
砂糖	500g

01 將芒果洗淨除去外皮並將果肉切小丁狀，除去的外皮有些許果肉，不要浪費，也可輕輕用湯匙刮除後與果肉一起醃漬。

02 蘋果洗淨後去皮去核刨成絲備用。

03 將檸檬切半壓汁備用。

04 處理好的芒果與蘋果放入盆中，將芒果及蘋果舀出少許放入調理機中打勻後一起加入盆中，先加入檸檬汁拌勻後再加糖拌勻，包上保鮮膜放入冰箱冷藏一夜，當中記得不定時的拿出來攪拌。

05 將冷藏一夜的芒果在室溫下回溫，置於爐上後倒入銅鍋，以中大火加熱煮至沸騰，當中還是要不停的攪拌，因為芒果是很容易一不小心就燒焦的水果。

06 沸騰後即可轉中小火續煮，這時切開香草莢取出香草籽並將香草莢及香草籽輕輕一起放進鍋內充分混合攪拌。

07 煮到鍋中的果醬開始濃稠，攪拌時有滯重的阻礙感就可以準備關火。

08 在果醬溫度降到 85℃前，盡快連同香草莢裝至玻璃瓶中。

09 裝好的果醬蓋上蓋子後，立即倒放降溫靜置待涼即完成。

好友送來的愛情花越發茂盛，想為它做瓶果醬當成紀念，讓這株豔麗的花朵在金色驕陽下，留下永恆的回憶。

上網查了愛情花，原來愛情花也流傳著這樣一個故事，相傳愛情花原本長於遠方的懸崖上，一對男女相約去摘花，但因為愛情花長的位置太高太危險了，女孩叫男孩放棄，男孩為了表示對女孩的愛意，寧願冒著危險去摘花，就在男孩摘到花時，卻不小心跌倒，女孩適時抓住男孩的手，就在女孩想要拉起男孩的手時，卻因為力道不夠而讓男孩跌至於山谷之中，只留下男孩留給女孩的那朵愛情花。

現實生活裡的愛情都有它的甜蜜保鮮期，在開始的最初，一切都是最浪漫美好的，於是這瓶果醬我用愛情花的主色系紫色，並用了愛情本應有的明亮色彩來做對比的果醬視覺表現，對比的色調有時也像是不同性格的兩人相愛的方式。

愛情花

愛情花

傾一座城，戀一個人。

愛情，有時是一種信仰，

有時可能只是，一場短暫的煙火秀。

果醬內容物：

上層：

藍莓	100g
香蕉	400g
檸檬	半顆
砂糖	250g

下層：

甜橙	500g
檸檬	半顆
砂糖	250g

01 將甜橙洗淨瀝乾，用刀切去外皮及白膜（留下少許的甜橙皮備用），並將果肉取出去籽。

02 取一半的甜橙果肉及預留的甜橙皮加入調理機中，一起攪打成泥狀倒入盆中，加入檸檬汁及糖拌勻，醃漬時間約一小時，當中還是要不時地用湯匙攪拌均勻。

03 將香蕉切薄片倒入盆中，加入藍莓，檸檬汁及糖拌勻，醃漬時間約一小時，當中還是要不時的用湯匙攪拌均勻備用。

04 將醃漬好的甜橙倒入銅鍋中，置於爐上以中大火加熱煮至沸騰，當中要不停輕輕攪拌，沸騰後轉中小火續煮，並將鍋中的浮沫撈除乾淨，此時即可準備裝瓶。

05 煮好的甜橙用漏勺倒入玻璃瓶中約三分之一的量備用。

06 將藍莓香蕉倒入銅鍋中，置於爐上以中大火加熱煮至沸騰，當中要不停輕輕攪拌並撈除浮沫，藍莓及香蕉的混合會讓鍋中有許多的浮沫，但也會讓整鍋果醬成了浪漫的紫色，要讓果醬盡量乾淨無雜質，沸騰後轉小火續煮。

07 煮到鍋中果醬開始濃稠，攪拌時有滯重的阻礙感時就可以準備關火。

08 在果醬溫度降到 85℃前，盡快裝至有甜橙果醬的玻璃瓶中。

09 裝好的果醬蓋上蓋子後，立即倒放降溫靜置待涼即完成。

黑塵

春風如意時，我們四個人放下工作，來到這個極富盛名台灣最後一塊淨土的旅遊景點，在這裡騎車有一種在真空狀態下的感覺，緩慢的車速，緩慢的空氣流動跟景致，連金城武樹都緩慢的生長著，如果從空中俯瞰，在這裡騎車的每個人應該都是一個個小黑點吧！田邊正在拔菜的阿婆說這裡的菜不灑農藥，讓我們如獲至寶般向她買了現摘的菜，整個上午在池上騎了一大圈，好像在外太空中嬉遊了一光年。

黑塵

如黑色浮塵，漂浮在點點繁塵，
我們在田中漫遊，騎到忘了幾光年。

果醬內容物：

上層：

鳳梨	600g
白甜桃	100g
蘋果	100g
檸檬	一顆
砂糖	400g

下層：

蔓越莓	400g
黑莓	300g
草莓	300g
檸檬	一顆
砂糖	500g

① 將鳳梨洗淨去皮去心並將果肉切小丁狀備用。

② 蘋果洗淨去皮去核切細絲狀備用。

③ 白甜桃去皮洗淨切細絲狀備用。

④ 檸檬切半並壓汁備用。

⑤ 處理好的鳳梨，蘋果及白甜桃放入盆中，加入檸檬汁拌勻後再加糖拌勻，醃漬時間約二小時，當中記得不定時的拿出來攪拌。

⑥ 將莓果類倒入盆中，加入檸檬汁及糖拌勻，醃漬時間約二小時，當中還是要不時地用湯匙攪拌均勻備用。

⑦ 先煮下層的果醬，將醃漬好的莓果類倒入銅鍋中，置於爐上以中大火加熱煮至沸騰，當中要不停輕輕攪拌，沸騰後轉小火續煮並將鍋中的浮沫撈除乾淨，此時即可準備裝瓶。

⑧ 煮好的果醬用漏勺倒入玻璃瓶中約三分之一的量備用。

⑨ 將醃漬好的鳳梨白甜桃倒入銅鍋中，置於爐上以中大火加熱煮至沸騰，當中要不停輕輕攪拌，沸騰後轉中小火續煮，並將鍋中的浮沫撈除乾淨。

⑨ 煮到鍋中果醬開始濃稠，攪拌時有滯重的阻礙感時就可以準備關火。

⑩ 在果醬溫度降到 85℃ 前，盡快裝至下層有莓果類果醬的玻璃瓶中。

⑪ 裝好的果醬蓋上蓋子，立即倒放降溫靜置待涼即完成。

熬煮上層的鳳梨白甜桃時，可將白甜桃去完的皮放入食物調理機稍打加入鍋中一起熬煮，可增加果醬的膠質及染色的效果。

矛盾

在設計這瓶果醬時，上層用了紅蘿蔔汁去染蘋果的顏色，讓蘋果不再是蘋果的顏色，視覺上讓果醬多了份美感，而製作上跟味覺上卻多了一分矛盾的趣味感。

製作一瓶特別的果醬有時候心情是矛盾的，既想突破又要兼顧邏輯，想兼顧時心情就像吞嚥著一顆炙熱的鐵球，既吐不出來也吞不下去，除非你消化它，否則永遠無法讓自己平靜下來。製作果醬也是如此，有時心中的慾念太多，想法太多，就有了天人交戰的局面，捨棄與保留有時抉擇是讓人衝突的，在認識自己要的是什麼？真正認識脫離慾望而擁有了創作自由的時候，那時你才能體認永遠不受干擾並有了不會無端逝去的平靜。

在最終的平靜來到之前，無論你所尋找的是什麼，它其實也一直在尋找你。

矛盾

浮躁　那個我　那個你
是也不是的不確定

果醬內容物：

上層：

蘋果	1000g
紅蘿蔔	二根
檸檬	一顆
砂糖	500g

下層：

草莓	100g
藍莓	100g
櫻桃	100g
檸檬	一顆
砂糖	200g

①將莓果類及櫻桃倒入盆中，加入檸檬汁及糖拌勻，醃漬時間約二小時，當中還是要不時用湯匙攪拌均勻備用。

②將蘋果洗淨去皮刨成細絲狀倒入盆中，加入檸檬汁及砂糖拌勻備用。

③紅蘿蔔用果汁機壓汁瀝渣備用。

④先煮下層的果醬，將醃漬好的莓果及櫻桃倒入銅鍋中，置於爐上以中大火加熱煮至沸騰，當中要不停輕輕攪拌，沸騰後轉小火續煮並將鍋中的浮沫撈除乾淨，此時即可準備裝瓶。

⑤煮好的莓果櫻桃用漏勺倒入玻璃瓶中約三分之一的量備用。

⑥將醃漬好的蘋果倒入銅鍋中，置於爐上以中大火加熱煮至沸騰，當中要不停輕輕攪拌。沸騰後轉中小火續煮並將鍋中的浮沫撈除乾淨。

⑦沸騰後加入紅蘿蔔汁與鍋中的蘋果混合，熬煮至鍋中的蘋果染成紅蘿蔔的顏色呈穩定的狀態。

⑧轉中小火續煮，並將鍋中的浮沫撈除乾淨。

⑨煮到鍋中果醬開始濃稠，攪拌時有滯重的阻礙感時就可以準備關火。

⑩在果醬溫度降到85℃前，盡快裝至下層有莓果櫻桃果醬的玻璃瓶中。

⑪裝好的果醬蓋上蓋子，立即倒放降溫靜置待涼即完成。

LOVE

餐廳及工作室開在城牆邊，最大的好處就是每天與百年歷史的古蹟擦身而過，一到休假日，煮杯咖啡坐在工作室內的窗邊，南國的陽光穿透在餐廳店內，住在這裡，感受著四季如春的氣候，好天氣時就是適合帶著相機到處拍照，在這個有著百年歷史的城牆邊，你可以輕易遇到許多貓慵懶的在這曬著太陽，城牆旁的樹上長著許多棋盤腳的花，花朵像流蘇一樣隨風飄揚著，許多棵不知年紀幾許的大樹，讓我想起小時候在眷村爬樹的記憶，總是要等到大人拿著棍子來罵人才肯爬下來。

那天看到這棵樹，抬頭看著樹梢，陽光點點曬在樹葉上，脫掉了鞋子踩在草地上，伸出雙手環抱著這棵大樹，閉上雙眼感受這棵樹帶給我當時的一切感知，許多兒時記憶一去不會再回來，我們再也不可能回到童年，試著想爬上樹卻發現，小時候可以輕易爬上的大樹，現在卻變得舉步維艱，年紀越小似乎許多事也是更無懼的，但是這些與 樹木碰觸時的觸感，卻是留在心裡一輩子都不會遺忘的。

LOVE

在最美麗的時光將自己化作一棵樹
枝與根都是我的盼望
陽光下長滿點點枝芽
如何讓你看見我等待的熱情及愛

果醬內容物：

上層：

愛文芒果	600g
蘋果	200g
檸檬	一顆
砂糖	400g

下層：

覆盆子	300g
蘋果	100g
檸檬	一顆
砂糖	200g

01 將芒果洗淨除去外皮並將果肉切小丁狀，除去的外皮有些許果肉不要浪費，輕輕用湯匙刮除後與果肉一起醃漬。

02 蘋果洗淨去皮去核切細絲狀備用。

03 檸檬切半並壓汁備用。

04 處理好的芒果與蘋果絲放入盆中，將盆中水果舀出少許放入調理機中打勻後一起加入盆中，加入檸檬汁拌勻後再加糖拌勻，醃漬時間約二小時，當中記得不定時的拿出來攪拌。

05 將覆盆子倒入盆中，加入檸檬汁及糖拌勻，醃漬時間約二小時，當中還是要不時用湯匙攪拌均勻備用。

06 先煮下層的果醬，將醃漬好的覆盆子倒入銅鍋中，置於爐上以中大火加熱煮至沸騰，當中要不停輕輕攪拌，沸騰後轉小火續煮並將鍋中的浮沫撈除乾淨，此時即可準備裝瓶。

07 煮好的覆盆子用漏勺倒入玻璃瓶中約三分之一的量備用。

08 將醃漬好的芒果蘋果倒入銅鍋中，置於爐上以中大火加熱煮至沸騰，芒果很容易焦鍋，當中要不停輕輕攪拌，沸騰後轉中小火續煮，並將鍋中的浮沫撈除乾淨。

09 煮到鍋中果醬開始濃稠，攪拌時有滯重的阻礙感時就可以準備關火。

10 在果醬溫度降到 85℃ 前，盡快裝至下層覆盆子果醬的玻璃瓶中。

11 裝好的果醬蓋上蓋子，立即倒放降溫靜置待涼即完成。

牡丹

彷彿是個早已被世人遺忘的地方，那麼遺世獨立又帶著迷人的芬芳，像一朵牡丹暗自地盛放，初次走進龍田村就讓人留連忘返，在這個村落裡有這麼一家樸實但散發著光芒的店，店主人褪去繁華，友善耕作的的農產品配上簡單熱情又友善的人，貼近他們你懂得了什麼叫作生活，店裡的陳設沒有矯情做作，一切都是那麼的理所當然，鄉下的農民正努力到田裡去工作，遊客可能還在優閒地躺在床上享受著他們的假期，在這家平日裡沒有人的咖啡廳，你可以在這裡喝杯淺烘、蘋果酸、回甘、黑糖香氣的鹿野有機咖啡，也可以欣賞蔣勳寫梵谷的畫，可以翻一本平松修《咖啡時光》的漫畫，放一張老歌專輯，帕爾曼的小提琴或是巴赫的碟，這是多麼舒服的時光，在沒有人的咖啡廳的冬日裡，這瓶果醬以雙色渲染的層次作以牡丹的聯想，由牡丹花王的美名可以得知牡丹之美，在我心裡，這裡的美是是獨傲群卉的，留下這瓶果醬來記錄這些美好。

牡丹 | 落盡殘紅始吐芳，佳名喚作百花王，
競誇天下無雙豔，獨占人間第一香。
——唐 ‧ 皮日休〈牡丹詩〉

果醬內容物：

上層：

蘋果	1000g
檸檬	一顆
砂糖	500g

下層：

藍莓	500g
檸檬	一顆
砂糖	300g

① 將蘋果洗淨去皮刨成細絲狀倒入盆中，加入檸檬汁及砂糖拌勻，包上保鮮膜放入冰箱冷藏一夜，當中記得要不時地打開輕輕攪拌。

② 藍莓輕輕洗淨後瀝乾倒入盆中，加入檸檬汁及砂糖拌勻，包上保鮮膜放入冰箱冷藏一夜，當中記得要不時地打開輕輕攪拌。

③ 先煮下層的果醬，將冷藏醃漬一夜的藍莓在室溫下回溫後倒入銅鍋中，置於爐上以中大火加熱煮至沸騰，當中要不停輕輕攪拌，沸騰後轉小火續煮並將鍋中的浮沫撈除乾淨。

④ 煮到鍋中的果醬開始濃稠有光澤感，攪拌時有滯重的阻礙感就可以準備關火。

⑤ 煮好的藍莓用漏勺倒入玻璃瓶中約三分之一的量備用。

⑥ 將冷藏醃漬一夜的蘋果在室溫下回溫後，取少許倒入果汁機中，攪打成泥狀後連同其他醃漬好的蘋果一起倒入銅鍋中，置於爐上以中大火加熱煮至沸騰，當中要不停輕輕攪拌，沸騰後轉中小火續煮並將鍋中的浮沫撈除乾淨。

⑦ 煮到鍋中果醬開始濃稠，攪拌時有滯重的阻礙感時就可以準備關火。

⑧ 在果醬溫度降到 85℃前，盡快裝至有藍莓果醬的玻璃瓶中。

⑨ 裝好的果醬蓋上蓋子，立即倒放降溫靜置待涼即完成。

游泳

人生就是一家咖啡館，也是一座游泳池。
無論你游的是什麼式，最終依然是要爬上
來，游池裡交錯的彼此都是人生中短暫的
過客，咖啡店裡陌生的彼此在同樣的氛圍
裡交換著也許是同樣也不同樣的心情，小
小的空間乘載著各種蛙式，蝶式、仰式，
甚至是自由式，游著水的人最終都要爬上
來，回到生活裡的方程式。

坐在咖啡店裡，寫下這瓶果醬的文案，寫
下在咖啡廳裡看到的一些有趣現象，這是
我的果醬生活。

游泳

你游游蛙式，我游游蝶式
你喜歡仰式，我喜歡捷式　然後一起自由式
崇拜泳池窗裡的恍惚，稀有生物滅絕，啟動再生方程式
你游游仰式，我游游捷式
焦躁不安是一種熾烈的世俗
從我游向你，到你游向我直到生物滅絕，
我們有了未來進行式

果醬內容物：

綠檸檬	300g
芭樂	300g
蘋果	200g
青梅	100g
砂糖	600g

01 青梅加鹽搓洗使梅子皮軟化去除澀味，再用清水洗淨後，將梅子放入滾水中煮 10 分鐘，撈出放入冷水中泡涼，瀝乾水分後去皮去果核並取出果肉備用。

02 將綠檸檬以小刷子輕輕刷洗後，切成四等分去皮取出果肉去籽放入盆中備用。

03 芭樂洗淨去皮先切成數小塊後去籽再切成小丁狀備用。

04 將蘋果洗淨去皮刨成細絲狀倒入盆中，與綠檸檬果肉，芭樂丁及青梅果肉加入砂糖拌勻備用。

05 將醃漬好的水果倒入銅鍋中，置於爐上以中大火加熱煮至沸騰即關火。

06 煮好的果醬倒入盆中，降溫至冷卻後包上保鮮膜放冰箱冷藏一夜。

07 將冷藏一夜的果醬在室溫下回溫，置於爐上以中大火加熱，煮至沸騰再轉中小火續熬煮。

08 將鍋中果醬的浮沫撈除乾淨，煮到鍋中果醬開始濃稠呈現光亮感，攪拌時有滯重的阻礙感，此時就可以準備關火。

09 在果醬溫度降到 85℃前，盡快裝至玻璃瓶中。

10 裝好的果醬蓋上蓋子，立即倒放降溫靜置待涼即完成。

圈圈

人與人之間的關係很微妙，有時像圈圈一樣把彼此
圈了起來，初到南國，在這個完全不認識任何人的
地方生活是一件不容易的事，因為買甜點而認識了
這兩個客人，從客人變成好朋友，一起旅行，一起
享受美食，恆春處於颱風登陸處，每當颱風過後第
一個打來關心的也是她們，公休日邀請她們兩人來
餐廳，當我果醬新口味的第一個客人，也做了一桌
料理請她們品嘗。謝謝她們這幾年來的照顧，對於
外地人而言，能受到當地人的照顧是一件溫暖的
事，人因為有情，許多事才變得有價值，對的人在
一起，許多感覺都是對的，就像人生沒有是非題，
只有選擇題是一樣的道理。

圈圈 | 圈圈有時圈的不一定是愛情，
有時圈住的是友情。

果醬內容物：

金棗	600g
金桔	200g
香草莢	一支
檸檬	一顆
砂糖	480g

01 將金棗洗淨瀝乾切成薄片小圈圈狀並去籽，處理好後倒入盆中加入檸檬汁及砂糖拌勻備用。

02 金桔洗淨切半後，將汁擠入盆中一起攪拌均勻。

03 切開香草莢取出香草籽並將香草莢及香草籽輕輕地一起放進盆中充分混合。

04 包上保鮮膜放入冰箱冷藏一夜，讓金棗充分糖漬出水，當中記得要不時打開輕輕攪拌。

05 將冷藏一夜的金棗在室溫下回溫，置於爐上後倒入銅鍋，置於爐上以中大火加熱煮至沸騰，當中還是要不停地攪拌，因為金棗膠質很高，是很容易一不小心就焦鍋的水果。

06 沸騰後即可轉小火續煮，並將鍋中的浮沫撈除乾淨來增加果醬的純淨度。

07 煮到鍋中的果醬開始濃稠，金棗完全透亮並有明顯光澤感，攪拌時有滯重的阻礙感就可以準備關火。

08 在果醬溫度降到 85℃前，盡快裝至玻璃瓶中。

09 裝好的果醬蓋上蓋子，立即倒放降溫靜置待涼即完成。

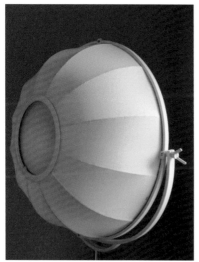

無伴奏

從恆春搬回台北的第一個冬天，適應著台北濕冷的氣候，也懷念起在南國每天穿著夾腳拖的日子，夜裡煮了咖啡配上肉桂，喝了一口心頭起了暖意，想起小時候常在父親拉的大提琴聲中醒來，有時張開眼睛看著陽光照進院子裡的樹影，聽著父親拉的大提琴聲在腦海裡想像音樂裡有些什麼樣的故事？

巴赫的無伴奏大提琴組曲是音樂史的一個奇異現象，在於他的時代，大提琴還是個很具爭論的樂器，而選擇它當作獨奏的樂器更是大膽的嘗試，在他的時代或者更早，有許多作曲家也曾嘗試寫過提琴家族的演奏作品，而這些作品都在樂曲的鋪陳和和聲特性上受到限制，如何展現賦格旋律之美，是這個時代美的準則，這就是巴赫創作此作品難度之所在。

肉桂之於我來說，是一種帶著濃烈情感的香料，像極了大提琴寬廣溫潤的聲音，有時激情又悲愴，在空間裡叩人心弦的迴盪，肉桂似乎也有這等魔力，自從做果醬以來就一直想作一瓶果醬來紀念父親，懷念他的沉穩內斂，想念他的幽默並感念他在藝術，音樂及文學上給我的一切啟蒙。

無伴奏 | 痛並快樂著

果醬內容物：

蘋果	600g
肉桂棒	兩支
檸檬	一顆
砂糖	300g

① 將蘋果洗淨去皮刨成細絲狀倒入盆中，加入檸檬汁及砂糖拌勻。

② 取一半醃漬的蘋果絲倒入調理機中，一起攪打成泥狀倒入盆中混合備用，醃漬時間約二小時，當中還是要不時用湯匙輕輕攪拌均勻備用。

③ 將肉桂棒放入食物調理機中攪打成粉末狀。

④ 將醃漬好的蘋果倒入銅鍋中，置於爐上以中大火加熱煮至沸騰，當中要不停輕輕攪拌，沸騰後轉中小火續煮並將鍋中的浮沫撈除乾淨。

⑤ 加入肉桂粉至鍋中攪拌均勻，煮到鍋中果醬開始濃稠，蘋果絲已煮至無呈現絲狀，並且攪拌時有滯重的阻礙感時就可以準備關火。

⑥ 在果醬溫度降到 85℃前，盡快裝至玻璃瓶瓶中。

⑦ 裝好的果醬蓋上蓋子，立即倒放降溫靜置待涼即完成。

毒藥

當一種味道或一個地方能夠喚起你青春記
憶時，那麼青春也就在此駐足留下了。

黃檸檬果醬就足以匹配這樣的形容，每次
輕嘗都有不同的嗅覺及味覺的冒險，它能
有層次的勾勒起你的青春戀事，在一道道
前置層層繁複的處理後，許多顆黃橙果實
在鍋中千錘百煉，濃縮成一瓶菁華，酸甜
的口感如著魔般讓人想起那些過往的墜
入……

當味蕾回復時，你才知道，不能夢想與依
賴，你能很簡單的回到過去，回到這片大
海。

這是一瓶吃了就會愛上的好果醬味道，儘
管工作再如何麻煩，還是會為了這無法忘
記的絕對滋味，而心甘情願一道道工序處
理它 ，打開瓶蓋濃濃的黃檸檬清香，適
合在一早精神尚未回復的時刻，吃上一口
讓整個口腔及鼻息充滿青春初戀的滋味。

毒藥

療癒本身發自於內，
世界上沒有一種完美可以得到重複。

果醬內容物：

黃檸檬	1000g
砂糖	550g

01 將黃檸檬以小刷子輕輕刷洗後，切成四等分去皮去籽取出果肉放入盆中備用。

02 將黃檸檬的皮放入煮開的沸水中煮約 10 分鐘，待水再次沸騰後，用濾勺將皮撈出，將水換新再次煮沸再放下皮煮 10 分鐘，這樣的動作重複四次後，將黃檸檬皮用濾勺取出瀝乾待涼。

03 涼透的黃檸檬皮用刀或湯匙將白色的苦膜部分刮除。

04 處理好的黃檸檬皮放入調理機中，並將盆中的黃檸檬果肉一起加入調理機中，一起攪打成泥狀。

05 將果汁機中的黃檸檬泥倒入盆中，加入糖拌勻備用。

06 將醃漬好的黃檸檬倒入銅鍋中，置於爐上以中大火加熱煮至沸騰，當中要不停輕輕攪拌，沸騰後轉中小火續煮，並將鍋中的浮沫撈除乾淨。

07 煮到鍋中黃檸檬果醬開始濃稠，攪拌時有滯重的阻礙感就可以準備關火。

08 在果醬溫度降到 85℃前，盡快裝至玻璃瓶中。

09 裝好的果醬蓋上蓋子，立即倒放降溫靜置待涼即完成。

夢遊

初次踏入這個地方，恍如愛麗絲夢遊仙境的景色般，由兔子洞掉進一個充滿想像的奇妙世界，傍晚時選在這裡散步，被滿滿的花海圍繞著，映入眼簾的花海，讓人彷彿親身悠遊仙境。在里德橋附近有著占地25公頃的花海，是全國最大的花海，五顏六色的波斯菊，百日草、在湛藍的天空下，宛如油畫一般的豔麗，被譽為「墾丁後花園」。滿州鄉為低緩的丘陵地形，屬於熱帶季風氣候，因此形成豐富的熱帶植物生態，對面的山上就是每年10期間灰面鷲過境的棲息地。里德橋、滿州橋、山頂橋都是絕佳的賞鷹據點，每年10月國慶日前後傍晚，滿天成群的灰面鷲會開始盤旋降落，成千上萬隻灰面鷲就會遠從北方飛來報到，因此也被暱稱為國慶鳥。

夢遊

在真實與虛幻間遊走
找不到盡頭
咀嚼的是夢，比天地自由
彷彿置身外太空

果醬內容物：

奇異果	800g
檸檬	半顆
砂糖	400g

01 奇異果洗淨去皮後，先切小片狀（奇異果白色的芯捨棄不用），去除每一片多餘的籽後，保留少許的籽，再切小丁狀。這樣煮出來的果醬籽才不會太多，視覺上也會更為乾淨。加入檸檬汁拌勻再加入糖拌勻，醃漬時間約三小時，當中還是要不時用湯匙攪拌均勻。

02 將醃漬好的奇異果倒入銅鍋中，置於爐上以中大火加熱煮至沸騰，當中要不停輕輕攪拌，沸騰後轉中小火續煮，並將鍋中的浮沫撈除乾淨。

03 當鍋中奇異果果醬開始慢慢的濃縮，此時要不停地攪拌以免果醬焦鍋。

04 煮到鍋中果醬開始濃稠呈現光亮感，攪拌時有滯重的阻礙感，此時就可以準備關火。

05 在果醬溫度降到 85℃ 前，盡快裝至玻璃瓶中。

06 裝好的果醬蓋上蓋子，立即倒放降溫靜置待涼即完成。

張愛玲

張愛玲 1946 年攝於香港北角英皇道
蘭心照相館

恆春古城座落於恆春鎮中央，是台灣保存較完整
的古城，被列為國家二級古蹟。 城牆以磚石灰
土砌築而成，建有東、西、南、北四個城門，內
外門洞皆半圓拱形，如今只剩東門算是保存較完
整的，除北門在近郊區外，其餘三座城門皆在城
鎮中心。斑駁的紅磚及綿延的城牆，彷彿穿越了
時光隧道，工作室旁的西門城牆是我常常爬上去
的地方，常在休假時爬上城牆，有時一罐啤酒，
敝舊的太陽彌漫在空氣裏像金的灰塵，微微嗆人
的金灰，揉進眼睛裡去，昏昏的，看著不同時間
的雲彩變化，有時因為太瞌睡，終於連夢也睡着
了。張愛玲的文字常常令人有一箭穿心的感覺，
有了些歲數，有了一些人生歷練的冷暖自知，一
切乾淨如始，也開始懂得她說的人世蒼涼了。

說到張愛玲，必定要提到她《紅玫瑰與白玫瑰》
裡的經典名句：「娶了紅玫瑰，久而久之，紅的
變了牆上的一抹蚊子血，白的還是『床前明月
光』；娶了白玫瑰，白的便是衣服上沾的一粒飯
黏子，紅的卻是心口上一顆硃砂痣。」精準道出
俗世夫妻的悲涼。

張愛玲的小說文字華麗、色彩濃郁，像似這瓶玫
瑰甜桃。利用法式工法將水果先行醃漬，再與
有機玫瑰純粹的融合，成為特有的粉紅芬芳，濃
郁的化在味蕾裡，讓紅玫瑰穿越時空再度嶄露風
華，一樣的女人花，嘗上一口，便除去了生命裡
的煩憂！

張愛玲

愛情是盲目的，
千瘡百孔的情感是多數人心口上的一道疤。

果醬內容物：

白甜桃	800g
蘋果	200g
有機無毒食用玫瑰花	
	150g
檸檬	一顆
砂糖	500g

01 將蘋果洗淨去皮刨成細絲狀倒入盆中，加入檸檬汁及砂糖拌勻備用。

02 白甜桃去皮洗淨切細絲倒入蘋果盆中。

03 處理好的蘋果白甜桃醃漬時間約三小時，當中記得不定時的拿出來攪拌。

04 食用級有機玫瑰花略洗瀝乾備用。

05 將醃漬好的蘋果白甜桃倒入銅鍋中，置於爐上以中大火加熱煮至沸騰，當中要不停輕輕攪拌，沸騰後轉中小火續煮並將鍋中的浮沫撈除乾淨。

06 將鍋中的蘋果白甜桃果醬取少許加入調理機中，加入食用級玫瑰花瓣打成泥後，倒入果醬鍋中繼續熬煮。

07 將鍋中玫瑰花的浮沫撈除乾淨，轉小火煮到鍋中果醬開始濃稠呈現光亮感，攪拌時有滯重的阻礙感，此時就可以準備關火。

08 在果醬溫度降到 85℃前，盡快裝至玻璃瓶中。

09 裝好的果醬蓋上蓋子，立即倒放降溫靜置待涼即完成。

可將白甜桃去完的皮放入食物調理機稍打加入鍋中一起熬煮，可增加果醬的膠質及染色效果。

草莓燃燒

有一種地方，當你走近，就明白什麼叫
作回到靈魂的最初？會想要在這坐上一
整天，哪裡也不去，靜靜地在這個小村
落裡意猶未盡地逛著。逛著逛著，發現
了山裡頭的一座小小教堂，在它簡樸自
然的靈性觸動下，立刻閃過一道靈感，
想製作一瓶果醬，紀念自己來過這處迷
人可愛的小地方。就這樣，源源不絕的
文字便在腦海中昭然湧現。

這是個與世隔絕的偏僻山村，有作家稱
它為「到不了的車站」，但其實從台東
或鹿野轉搭區間車，就可以抵達這個對
號車皆不停靠，只會過站不停的山里車
站。若偶爾哪天有機會專程來晃晃，當
自己一個人站在杳無人煙的寂靜月台上
時，不妨來首艾爾頓強的〈This Train
Don't Stop There Anymore〉，當火車在
面前呼嘯而過時，或許你也會在一面面
閃爍而過的車窗上，突然間想起了什麼，
也被帶走了什麼。

草莓燃燒

孩子們滿嘴的草莓，在迎風鮮豔的意念裡狂奔，
金龜蟲醉醺醺，
我們一起放下樂器，在蜜糖中下沉，下沉……

果醬內容物：

草莓	500g
檸檬	一顆
威士忌	50c.c.
糖	250g

01 用流動的水洗淨草莓並去除蒂頭，動作盡量輕柔，以免傷及草莓，會讓草莓容易發酵及壓傷。

02 檸檬洗淨壓汁備用。

03 將瀝乾的草莓倒入盆中，加入檸檬汁及糖拌勻，醃漬時間約二小時，當中還是要不時的用湯匙輕輕攪拌。

04 蓋上保鮮膜後，放進冰箱冷藏一夜。

05 將冷藏一夜後的草莓在室溫下回溫，置於爐上以中大火加熱，煮至沸騰再轉中小火續熬煮。

06 將草莓果肉先行撈出置於濾網上，鍋中的草莓糖漿以中火繼續熬煮至近濃縮狀態，果肉的浮沫會很多，要有耐心撈除乾淨，以保持草莓果醬純淨度。

07 加入過濾後的草莓果肉，以中火煮至沸騰，再轉小火熬煮果醬至濃稠並呈現光亮感。

08 加入威士忌拌勻後就可關火。

09 在果醬溫度降至 85℃ 前，盡快裝至玻璃瓶中。

10 蓋上瓶蓋，立即倒放降溫靜置待涼即完成。

a two

果醬
與食物
之舞

泰式打拋雞西瓜披薩

材料：

西瓜	300g
雞里肌	80g
黃甜椒丁	30g
炒熟花生碎末	1 茶匙
洋蔥末	20g
朝天椒	一小枝切細末

調味料：

醬油	1/2 茶匙
料理用米酒	1/4 小匙
魚露	1/2 茶匙
檸檬汁	1/4 茶匙
蜂蜜柚子果醬	1/2 茶匙
蒜末	1 茶匙
薑末	1/2 茶匙
日本地瓜粉	1/4 茶匙

01 西瓜切成四等分備用。

02 將黃甜椒洗淨切小丁狀，洋蔥切細末，朝天辣椒洗淨切細末備用。

03 雞里肌洗淨擦乾，切成雞茸後加入調味料（除日本地瓜粉外）拌勻。

04 拌好後再加入日本地瓜粉續拌勻，所有的調味都調好後這時再加入地瓜粉才能將之前所有的調味封定住。

05 鍋內倒入一大匙油，以中小火先將雞茸炒至變色後再將其他材料拌炒至熟，此時將火力稍微開大些，讓容易出水的食材在這時候慢慢收乾湯汁，這道菜如果湯汁太多的話就會破壞了與西瓜同吃的口感。

06 待鍋內湯汁收乾的差不多時即可關火，將鍋內炒好的雞茸料盛裝在碗中。

07 趁碗中的雞茸料還熱時，此時加入柚子果醬並拌勻。

08 用湯匙盛裝在事先切好的四份西瓜上。

09 食用前撒上花生碎末及九層塔點綴即完成。

10 如不想使用紅肉西瓜，也可使用黃肉小玉西瓜，視覺上有另一種效果。

11 蜂蜜柚子果醬見 80 頁。

蜂蜜蘋果葡萄乾肉桂卷

材料：

麵包體：

高筋麵粉	250g
速發酵母粉	5g
全蛋	1 個
砂糖	25g
鹽	5g
牛奶	100 毫升
植物油	20g

內餡：

室溫軟化的無鹽奶油	
	30g
肉桂粉	1/2 小匙

餡料：

蘋果（削皮、去核）	
	100g
肉桂蘋果果醬	100g
烤過的核桃碎	50g
葡萄乾	50g

01 將削皮、去芯的蘋果切成小丁狀，加入肉桂粉，煮到蘋果變軟（約煮 5 分鐘），盛起放涼備用。

02 將麵包體的所有材料放入攪拌盆中（速發酵母粉不要和鹽及砂糖放在一起），用攪拌機拌合，直至麵糰變得光滑，且打出薄膜。

03 打好的麵糰用手滾圓後，放入已抹油的鋼盆內，再蓋上保鮮膜，放到溫暖處進行第一次60 分鐘的發酵。

04 麵糰膨漲至 2 倍大的時候，用拳頭壓出麵糰內的氣體。

05 將麵糰再次滾圓，蓋上保鮮膜，進行 15 分鐘的中間發酵。

06 製作內餡。將室溫軟化的無鹽奶油加入黑糖和肉桂粉打勻。

07 將發酵好的麵糰壓扁後，擀成 35 公分 ×25公分的長方形。

08 將步驟 6 及蜂蜜蘋果果醬均勻塗抹在麵糰上，再撒上蘋果丁、烤過的核桃碎和葡萄乾，而靠封口處不要抹餡和撒料。

09 從靠近身體的一端開始捲起，封口處用手指緊密捏合。

10 將麵糰切成 9 等分，排放在舖有烘焙紙的烤盤內，再用手把每個小麵糰稍微壓扁。蓋上保鮮膜，進行 30 分鐘的最後發酵。

11 發酵完成後，在表面刷上一層蛋液。放入已預熱攝氏 180 度的烤箱中，烤 12 ～ 15 分鐘即可。

12 肉桂蘋果果醬作法見 152 頁。

鳳梨酒釀茄汁燉牛肋

材料：

牛肋條	100g
鳳梨塊	60g
小黃瓜	3 片
小番茄	3 片

調味料：

番茄醬	4 大匙
酒釀	1 大匙
紅酒西洋梨果醬	
	1/2 茶匙
蒜末	1 茶匙
薑末	1/2 茶匙
義大利香料 少許	

01 鳳梨洗淨去皮後切小塊狀，小黃瓜洗淨切有點厚度的圓片，小番茄洗淨一樣切有點厚度的圓片備用。

02 牛肋條洗淨切小塊後，放入煮滾的沸水鍋中汆燙，至鍋中牛肋條的浮沫都浮出後撈出洗淨備用。

03 將汆燙好後的牛肋條放入壓力鍋中，倒入水及少許料理用米酒（水以蓋過牛肋條為主），煮至壓力鍋發出嗶嗶聲後轉文火煮約２５分鐘，壓力鍋成安全洩壓狀態後取出備用。

04 平底鍋中倒入一湯匙的油，開小火放入所有調味料，加入牛肋條拌炒，至牛肋條都平均的裹附了調味料後，讓鍋內牛肋條慢慢收汁後即可關火。

05 將鳳梨塊及牛肋條、小黃瓜片、小番茄片組合即完成。

06 牛肋條塊依個人需要切成想要的大小，但需注意與下方水果的大小視覺比例才有美感。

07 紅酒西洋梨果醬見 12 頁。

泰味木瓜酸辣豬

材料：

木瓜	80g
絞肉	180g
蘿蔓	60g
芒果丁	40g
洋蔥末	40g
小番茄	一顆
香菜	少許

調味料：

醬油	1 茶匙
魚露	1/2 茶匙
蒜、薑末	各 20g
糖	少許
黃檸檬果醬	1/2 茶匙
白胡椒	少許
黑胡椒	少許

01 將木瓜洗淨去皮去籽後切小塊狀備用，木瓜在選購時建議不要選購太熟的木瓜，這樣木瓜在遇熱拌炒時，製作出的成品才不至於太過軟爛，所以在選購時可以先預留因拌炒問題而失形的因素。

02 將芒果洗淨去皮後切小塊狀備用，這道菜在芒果的選購上建議不用愛文芒果的品種，因為這道菜偏酸辣，因此芒果在這道菜上會建議選購其他品種的芒果，讓它在整道菜的整體表現上，感能較為一致。

03 洋蔥切小丁狀，小番茄切小塊狀，香菜洗淨切細末備用。

04 蘿蔓葉洗淨瀝乾備用。

05 熱鍋後鍋中加入少許橄欖油，放入絞肉拌炒變色後，除黃檸檬果醬先加入其他材料及調味料續拌炒均勻。

06 將鍋內炒好的材料盛裝在碗中。

07 趁碗中的炒料還熱時，此時加入黃檸檬果醬並拌勻。

08 食用前讓碗中的炒料完全冷卻後再盛裝在蘿蔓葉中一起食用，以免因炒料過熱時盛裝讓蘿蔓葉軟掉，影響了食用時的口感。

09 如要讓口感的層次更為豐富，這道菜在食用前也可加入少許烤過的松子或其他壓碎過後的堅果類代替，這樣在吃的時候，可增加更多食用上的口感樂趣。

10 黃檸檬果醬作法見 156 頁。

泰式蝦醬香煎肉餅

材料：

豬絞肉	200g
金桔	2 顆
蘆筍	2 枝

調味料：

蝦醬	1/2 茶匙
醬油	1/4 茶匙
薑末及蒜末各 1/2 茶匙	
料理用米酒 1 茶匙	

01 這道菜因為煎成肉餅，如要讓口感吃起來更為細緻，建議在採買絞肉時，請肉販幫忙絞兩次。

02 將薑及蒜切細末，這道煎肉餅在吃的時候，薑末及蒜末包覆在肉餅中，建議在處理材料時切的細緻些，這樣較不會在吃的時候因食材結構過粗而影響口感。

03 豬絞肉中加入所有調味料，加入少許水順時鐘拌勻打出筋後，塑形成小圓球狀壓扁備用。

04 蘆筍汆燙後，取出放入有冰塊的冰水中冰鎮備用。

05 熱鍋後鍋中倒入一湯匙的橄欖油，以中小火慢慢將肉餅煎至兩面呈金黃色，火力不要開得太大，以免表面熟了內部卻還是生的狀態，如果做的肉餅稍微厚些，在快煎好時以竹籤插入肉餅內，觀察是否肉餅內有夾生的狀況，如果沒有就表示肉餅已經完全煎熟，此時就可以放心的準備盛盤。

06 加入蘆筍擺盤點綴，食用時淋上金桔汁即可。

07 金棗果醬作法見 148 頁。

芒果莎莎酥

材料：

餛飩皮	五張
芒果塊	100g
牛番茄	半個
小黃瓜	半條
洋蔥丁	60g
香菜末	少許

調味料：

蒜末	1 茶匙
黑胡椒	少許
鹽	1/4 茶匙

01 將部分芒果切小丁狀其他的芒果打成泥狀，牛番茄及小黃瓜、洋蔥切小丁狀，切形狀不要太大，以免成品做出來少了精緻度，香菜切末備用。

02 將部分芒果切小丁狀其他的芒果打成泥狀，牛番茄及小黃瓜、洋蔥切小丁狀，切形狀不要太大，以免成品做出來少了精緻度，香菜切末備用。

03 放入塑形後的餛飩皮入鍋中，以中小火炸至餛飩皮呈金黃色後就可以準備取出，炸的過久餛飩皮的顏色太深，會影響整個成品視覺的美感。

04 取出炸好後的餛飩皮讓它放涼備用。

05 將①與所有調味料及香菜，芒果醬拌勻，放入炸好的餛飩皮杯內即完成。

06 芒果果醬作法見 16 頁。

橘子醬香料烤雞翅

材料：

雞翅	6 隻
馬鈴薯	一顆

雞翅調味料：

橄欖油	一大匙
蜂蜜	1/2 茶匙
海鹽	少許
義式香料	少許
黑胡椒	少許
檸檬汁	半顆
乾燥洋香菜葉少許	
新鮮迷迭香	1 小束
橘子果醬	一大匙

01 將雞翅洗淨擦乾，馬鈴薯用刷子輕輕刷洗洗淨帶皮切條狀備用。

02 將雞翅加入調味料醃漬半小時後，連同馬鈴薯一起放進已預熱的烤箱中以攝氏 220 度烤 40 分鐘取出。

03 將烤好的雞翅與薯條利用烤盤中的調味醬汁混合，再淋上橘子醬攪拌均勻。

04 將成品放入食器中，刨入少許檸檬皮削在雞翅上即完成。

05 橘子果醬作法見 32 頁。

迷迭香蜂蜜烤雞胸佐蟠桃醬

材料：

去皮雞胸肉 300g	
黃檸檬	一顆
新鮮迷迭香一支	

調味料：

蜂蜜	1 茶匙
橄欖油	1 茶匙
鹽	少許
黑胡椒	少許

01 雞胸肉洗淨擦乾後，加入橄欖油、鹽及黑胡椒、蜂蜜、迷迭香葉，用手抓揉後靜置備用。

02 平底鍋加熱後，加入少許橄欖油，（因為醃漬時雞胸肉已有加入橄欖油了，所以在煎雞胸肉時只要少許的橄欖油就足夠了。）放入雞胸肉以中小火煎至兩面金黃後，取出雞胸肉放入烤盤中，移至已事先預熱的烤箱內以攝氏 200 度烤 15 分鐘取出，如要讓雞胸的色澤更為上色，可將烤箱的烤盤移至上層，讓雞胸再多烤五分鐘。

03 食用前將蟠桃醬淋在烤好的雞胸上，滴上黃檸檬汁即完成。

04 如想將雞胸的作法改為整隻全雞的作法，將①的作法抓揉在整隻全雞上，入烤箱以攝氏 200 度烤 2 個半小時取出後，在全雞的表面上刷上蟠桃醬即可。

05 蟠桃果醬作法見 108 頁。

果醬普拉斯：

純天然無添加美味 100%
手作果醬 40 道 plus 食譜 8 道

作者‧攝影／張曉東
美術編輯／方麗卿
企畫選書人／賈俊國

總 編 輯／賈俊國
副總編輯／蘇士尹
編　　　輯／高懿萩
行銷企畫／張莉榮‧廖可筠‧蕭羽猜

發 行 人／何飛鵬
法律顧問／元禾法律事務所王子文律師
出　　　版／布克文化出版事業部
　　　　　台北市中山區民生東路二段 141 號 8 樓
　　　　　電話：(02)2500-7008　傳真：(02)2502-7676
　　　　　Email：sbooker.service@cite.com.tw
發　　　行／英屬蓋曼群島商家庭傳媒股份有限公司城邦分公司
　　　　　台北市中山區民生東路二段 141 號 2 樓
　　　　　書虫客服服務專線：(02)2500-7718；2500-7719
　　　　　24 小時傳真專線：(02)2500-1990；2500-1991
　　　　　劃撥帳號：19863813；戶名：書虫股份有限公司
　　　　　讀者服務信箱：service@readingclub.com.tw
香港發行所／城邦（香港）出版集團有限公司
　　　　　香港灣仔駱克道 193 號東超商業中心 1 樓
　　　　　電話：+852-2508-6231　　傳真：+852-2578-9337
　　　　　Email：hkcite@biznetvigator.com
馬新發行所／城邦（馬新）出版集團 Cit　　(M) Sdn. Bhd.
　　　　　41, Jalan Radin Anum, Bandar Baru Sri Petaling,
　　　　　57000 Kuala Lumpur, Malaysia
　　　　　電話：+603- 9057-8822　　傳真：+603- 9057-6622
　　　　　Email：cite@cite.com.my
印　　　刷／韋懋實業有限公司
初　　　版／2018 年（民 107）01 月
售　　　價／420 元
ISBN ／ 978-986-95516-8-7

城邦讀書花園　布克文化